# 你虽脆弱 但必坚强

雅楠◎编著

中国纺织出版社

## 内 容 提 要

不是每段路，都有人在身边默默陪伴；不是每份心情，都能获得他人的理解；不是每份感情，都会有人懂得珍惜。然而，有的人总在乞求他人的理解和真爱，纵然有一个人愿意为你遮风挡雨，当突如其来的风暴来临时，谁能保证，他就在你身边？

一个人最重要的，是懂得冷暖自知，懂得自爱自强。只是，要真正强大起来，总得捱过一段没有人帮忙、没有人支持的日子。即使这样，也不要紧，不要短视那些痛苦，只要咬着牙撑过去，从每一份痛苦中汲取生命的养分，内心就会开出坚强的花。


**图书在版编目（CIP）数据**

你虽脆弱 但必坚强 / 雅楠编著. --北京：中国纺织出版社，2015.1（2024.4重印）
ISBN 978-7-5180-0908-4

Ⅰ.①你… Ⅱ.①雅… Ⅲ.①心理学—通俗读物 Ⅳ.①B84-49

中国版本图书馆CIP数据核字（2014）第198224号

责任编辑：徐丽丽　　　　责任印制：储志伟

中国纺织出版社出版发行
地址：北京市朝阳区百子湾东里A407号楼　邮政编码：100124
销售电话：010—67004422　传真：010—87155801
http：//www.c-textilep.com
E-mail：faxing@c-textilep.com
中国纺织出版社天猫旗舰店
官方微博http://weibo.com/2119887771
北京兰星球彩色印刷有限公司印刷　各地新华书店经销销
2015年1月第1版　2024年4月第2次印刷
开本：710×1000　1/16　印张：15
字数：173千字　定价：69.80元

# 前 言

PREFACE

电影《这个杀手不太冷》里，有一处经典对白——

“人生总是这么痛苦吗？还是只有童年痛苦？”

“总是这么痛苦。”

是的，这个世界，似乎从来都不缺少痛苦。

懵懂的童年时代，丢失了一件心爱的东西，遭到了父母的训斥，与玩伴闹了别扭，看似微乎其微的小事，也容易让情绪跟着发生变化。渐渐地，成长、成熟，见过的、经历的事情多了，要承受的东西也越来越多。很多时候，压抑的心情不被理解，积蓄已久的心声无处诉说，便开始怨恨生活，怨恨命运，怨恨周遭的一切。

因为那份敏感多思，因为那份感性多愁，因为那份柔软善良，多少年来，女人都被冠以“弱者”的称谓。可残酷的现实告诉女人，要在这个世界上生存，活出自我，就必须努力摘掉“弱者”的帽子，直面所有的委屈和痛苦。

尤其对于现代女人来说，相夫教子早已不是她们生活中的唯一了，而今的女人，要经历的事太多，要牵挂的人太多，要付出和承受的也太多。不是每段路，都有人在身边默默地陪伴；不是每份心情，都能获得他人的理解；不是每份感情，都会有人懂得珍惜。指望在某一个人的身后永远地躲风避雨，几乎成了一种奢望。纵然真的有那么一个人愿意为你遮风挡雨，可谁也不敢保证，当突如其来的风暴降临时，他或她，还在你身边？

女人不能总是去乞求他人的理解和珍爱，更重要的是，懂得冷暖自知，懂得自爱坚强。只是，要真正强大起来，总得捱过一段没有人帮忙、没有人支持的日子。即使这样，也不要紧，不要短视那些痛苦，只要咬着牙撑过去，从每一份痛苦中汲取生命的养分，内心就会开出坚强的花。不要怨恨命运，指责它忘记了厚爱你，你要知道，世间没有与生俱来的幸运，唯有努力扇动隐形的翅膀，穿过所有的阴霾和阻挠，才能在阳光下翩翩起舞。

这本书，献给所有爱过、痛过或正经受人生风雨却依然热爱生活的女子。在此，借用网络名人meiya说过的一句话：“我知，你虽脆弱，但必坚强。不是你必须坚强，而是你必定会坚强，因为你正走在变得坚强的路上。”

**雅楠**

**2014年冬**

# 目录

CONTENTS

## 辑一　这一刻能解决的情绪，不要让它陪你过夜

女人要真正强大起来，大多会度过一段没人帮忙、没人支持的日子。所有事情都是自己一个人撑，所有情绪只有自己知道。但是，只要咬牙撑过去，一切都会变得不一样。无论你是谁，无论你正在经历什么，坚持住，你定会看见最坚强的自己。


哭不是懦弱，哭过之后还要坚强……002

心平气和是最可取的生活态度……006

别把所有难过留给漆黑的夜……010

消除不了的压力，放一放也无妨……013

除了生与死，其他的都是小事……017

别让小情绪扰乱了整个人生……020

不知所措的时候，冷处理也好……024

你的伤心欲绝，改变不了结局……028

## 辑二　别责怪生活的吝啬，当你不肯用心的时候

在成年人的世界里，没有谁比谁容易，只是我们习惯看到萤火虫发出的光芒，却忽略它扇动的翅膀。不要责备命运赐予你的太少、生活对你过于吝啬，要知道，人人都有挣扎与努力，都有困惑与宿命。你若想成为理想中的自己，那就努力吧！记住：越努力，越幸运。


世间没有任何一种幸运会从天而降 ……………… 032

别等着他人来送，想要什么自己去争取 ……………… 035

生活从不曾亏欠谁，只是略偏爱有心的女人 ……………… 039

就算嫁对了人，也不过是幸福的一小步 ……………… 042

生活不会因你而改变，你变了世界才会变 ……………… 045

停止索取吧！心甘情愿地给予一回 ……………… 047

别催促上帝的安排，给彼此一点时间 ……………… 051


## 辑三　倘若命运忘记厚爱你，你更要疼惜自己

人生像一场戏剧，情节中有生离死别，有凄凉孤独，有辛苦忙碌。也许，生活中的一些痛苦让你措手不及，命运的折腾会让你感到无助和沮丧。你有权哭泣，可是哭过后，还是要咬着牙走下去。就算全世界都抛弃你，你也要懂得疼爱自己，多给自己一些温暖。


挤出一抹微笑，你会比想象中还要坚强 ……………… 056

当全世界都不爱你时，也要好好爱自己 ……………… 059

低到尘埃里的女人，永远开不出花来 ……………… 063

年龄不代表一切，学会为自己而活 ……………………………066
除了爱情，还有许多值得珍惜的 ……………………………069
甩掉心底的自卑，你有自己的美 ……………………………072
曾经的失去只为得到更好的 ……………………………075
不要轻易触碰伤口，以免弄疼了自己 ……………………………078
在寂寞的岁月里盛开，一个人又何妨 ……………………………081

## 辑四　治愈玻璃心的不是安慰，是磨难与成长

生活本身就是经历，人生也是处处有磨难，你不可能在每一个路口都选择停下脚步，懦弱地停留在原地。勇敢一点吧！因为，受挫一次，对生活的理解便加深一层；失误一次，对事情的把握便增添一阶；痛苦一次，对人生的体悟便成熟一级。

你是公主，也可能遭遇“历险记” ……………………………086
即便失去一切，依然要勇敢地活下去 ……………………………090
你若不勇敢，没有人会替你坚强 ……………………………093
总要在疼过之后，才能成为全新的自己 ……………………………096
对曾经看轻你的人，说一声谢谢 ……………………………099
经历风雨是人生的一种历练 ……………………………103
只要心还活着，生活就没有绝境 ……………………………106
时刻安慰自己，一切都会过去的 ……………………………110
无论多么深的伤口，也会随着时间愈合 ……………………………113

## 辑五　一个优雅的转身，开始人生的另一种精彩

当你理解了生活就会慢慢知道，坚持未必是胜利，放弃未必是认输，与其华丽地撞墙，不如优雅地转身，给自己一个迂回的空间。人生就像一场戏，我们要扮演各种不同的角色，不能因沉醉于其中的某一种角色而难以自拔，也不能因陷入某一段情节而不肯出来。无论过去是无限风光，还是黯淡消沉，都要学会面对、提起、转身、放下，不断迎接更好的角色，更好的明天。


别忘了，放手也是一种选择 …… 118

辗转流年，笑看风尘起落的人间 …… 121

世上之人，没有谁可以堪称完美 …… 125

得不到的莫强求，洒脱地挥挥手 …… 128

选择原谅别人，其实是善待自己 …… 131

错过的，未必真有想象得那么好 …… 134

无论美好或残缺，都留给曾经吧 …… 137

若爱，请深爱；如弃，请彻底 …… 140

人生圆满的事太少，不能什么都想要 …… 144


## 辑六　固守着内心的那份坚定，才是真正的强大

在这个充满诱惑的世界里，唯有内心足够强大的女人，才能够永远“像自己”一样活着。她可以穿透流言飞语，遵循自己的内心做选择，不随波逐流也无须任何掩饰。这样的女人，也许不那么完美，也许会有点儿偏执，可她的倔强和坚定，却也是另一种风采。

经得住诱惑，才守得住繁华 ………… 148
不急不躁，静静绽放自己的光华 ………… 151
流言蜚语随它去，生活只属于自己 ………… 155
从含苞绽放到凋谢，玫瑰从不慌张 ………… 158
欣赏自己所拥有的，走稳自己的步伐 ………… 162
只有一辈子，过自己想要的生活 ………… 166
每个女人都有属于自己的“沉香” ………… 169
真正强大的女人，无需任何掩饰 ………… 172

## 辑七　人生中的幸或不幸，其实没有一定

命运的好与坏、生活的幸与不幸、环境的优与劣，并没有定数。人生的路很长，要经历的事很多，也许此刻的境遇很糟糕，很令人沮丧，可时隔多年后再看，也会成为一种别样的财富。有时，看似走进了死胡同，却在尽头发现了另一扇门，只要心不绝望，生活永远都不会有忧伤。

不好的开始，不一定有坏的结局 ………… 176
辗转曲折才是岁月的常态 ………… 180
所有的经历都是上天的恩赐 ………… 183
你要记住，人生没有绝对的公平 ………… 187
得到的越多，承受的必然也更多 ………… 190
在死胡同的尽头，窥见另一片天空 ………… 194
上帝为你关上一扇门，必会打开一扇窗 ………… 198
所有过去了的，都将成为亲切的怀念 ………… 201

## 辑八　做一朵舒卷自由的云，淡然是幸福的开始

当我们在生活中遭遇挫折的时候，与其埋怨这个世界，不如安然地改变自己。不必去向别人证明什么，也不必盯着别人的生活为难自己，更不必患得患失地自悲自叹。许多事情，换个角度看，其实都可以笑着处理，笑着释然。累了就停下歇歇，倦了就从容栖息，心安是最美的状态，淡然是幸福的开始。


脱去抱怨的枷锁，直面所有的问题……206

心似海洋，你当温柔却有力量……209

从容一些，人生没有最好的选择……212

亲爱的，放下你的劳累与重负……215

心安是生活最美好的状态……218

谁都有自己的难处，学会体谅别人……221

何必向不值得的人证明什么……224

有得有失才是人生，切忌患得患失……228

女人要真正强大起来，大多会度过一段没人帮忙、没人支持的日子。所有事情都是自己一个人撑，所有情绪只有自己知道。但是，只要咬牙撑过去，一切都会变得不一样。无论你是谁，无论你正在经历什么，坚持住，你定会看见最坚强的自己。

# 辑一

## 这一刻能解决的情绪，不要让它陪你过夜

# 哭不是懦弱，哭过之后还要坚强

笑的时候，不一定开心，也许是一种无奈；哭的时候，不一定流泪，也许是一种释放；痛的时候，不一定受伤，也许是一种心动。走过一段路，总想看到一道风景，因为已经刻骨铭心；想起一个人，总会流泪，因为已经融入生命；风雨人生，淡然在心。

——《上帝的路》

愚人节的那个夜晚，命运跟她开了一个重口味的玩笑。

深夜11点，丈夫起身想去卫生间，刚刚下床，几乎没有任何预兆就躺倒在地了。任她怎么呼喊，他都没有反应。全家人都被惊动了起来，不知究竟发生了什么情况，谁也不敢动这个躺在地上的男人，她拨打了急救中心的电话。

医生检查后，宣布了一个残酷的消息：突发性脑出血。

丈夫只有29岁，怎么得了这样的病？她不敢相信自己的耳朵，可是诊断书上赫然写着那几个大字，她不得不接受现实。

开颅手术，过去只是听说过的医学术语，而今却要用在自己最亲近的人身上。手术室外，她心急如焚，那一夜仿佛被拉长了一个世纪。漫长的等待与煎熬后，手术室的灯灭了，医生将他推出来，他头上包裹着纱布，而后被送进了重症监护室。

情况不乐观，他完全处于昏迷状态，什么时候醒来依旧是个未知数。她恍悟，原来，真正的折磨才刚刚开始。一周后，医生再次为他进行了开颅手术，喉管也被切开。看到护士每次给他吸痰时，他的身体都在抽搐，她的心像被尖刀剜了一样疼。

回想这段爱，她满心的话不知如何诉说。当初，父母坚决反对这段婚姻，她却爱得义无反顾，父亲气急败坏，竟说出断绝关系的狠话。一向不爱言语的她，内心坚定如磐石，她选择了他，要嫁给他。从那以后，她再没有进过自己的家门，每次都是被父亲挡在门外。他打心眼里，不认同这个女婿，即便他们已是夫妻。

走出重症监护室，她在楼道里呆坐。姑姑打来电话告诉她，待会儿妈妈要来医院，还说是父亲让来的。从出事开始，她一滴眼泪没掉过，可是见到妈妈那一刻，她的眼泪仿佛决堤的洪水。妈妈也是一样，哭得稀里哗啦，说她命苦。她摇摇头说："他比我命更苦，我以前只是心苦，自从遇见他，我的心就不苦了。"

是啊，这些年，他像一盏温暖的灯挂在她心房，驱走寒冷与孤独，让她沉睡多年的心得以苏醒。而今，那盏灯在风中摇曳，灯光微弱得很，随时都有可能熄灭。想到这里，她的眼泪再次泛滥。

送走母亲后，婆婆来医院替班，疲惫的她坐车回了家。进屋时，女儿正在床上睡着，她开始收拾这个从前充满温馨现在却有些清冷的家，眼泪大颗大颗地往下掉。收拾过后，她坐在床上，眼睛盯着1岁的女儿发呆。

片刻后，她擦了擦眼泪，竟然不想再哭了。女儿需要照顾，他也需要照顾，家更需要她撑起来。哭也哭过了，日子总得过下去，不仅仅是过下去，还要漂亮地过下去。

每次去医院，她总是把自己收拾得干干净净。她说，不能给他丢脸。她在病床上，握着他的手，小声地跟他聊天，说说家里的事情，说说女儿的情况，说说她对他的爱。他总是无动于衷，她却觉得，他什么都知道。

昏迷第60天的时候，家里已经一贫如洗了。医生坦言，他的情况很难说。此时，他的父亲已经有些绝望，想接他回家，她却坚持要给他治疗。幸好，周围的同事和昔日的同学纷纷伸出援手。她把每一笔钱都记得清清楚楚，她说，今后一定都要还上。

终于，在昏迷75天之后，他醒了过来。意识是清醒的，能说话，只是左侧的肢体不能动。她说："这已经是上天的恩赐了，恢复的事，慢慢来。"

出院后，他开始了康复训练，她也重新找了工作，担起赚钱养家的担子。偶尔，他会闹情绪，说自己拖累了她，她却调侃着说："你可不能给我丢脸，多少人想看我崩溃的样子，可我偏要挺住，他们以为我完了，我要让他们知道，我还早着呢！"

望着眼前这个已经瘦弱得不足45千克的女子，他平生第一次觉得，她像一座山那么高大，那么坚毅。这一生，能遇到一个不离不弃的伴，一个不为浮华所动坚守爱情的女子，无憾无悔。他唯一能做的，就是努力配合医生继续康复。

女儿2周岁生日那天，他们拍了一张全家福，照片底下写着一句话："真好，人都还在。"

有朋友说，看着她曾经的那段日子，都觉得难熬，问她是怎么挺过来的。

她笑笑说："我不是不想崩溃，不是不想痛哭，只是哭过之后，日子还得继续。沉沦也改变不了什么，若就这么放弃不管不顾，我这辈子也难以心安。有时候，自己脆弱得一句话就泪流满面；有时候，咬着牙就可以走过很长的路。"

有一篇名为《不必装模作样》的美文中写道："生活是蜿蜒在山中的小径，坎坷不平。沟崖在侧，摔倒了，要哭就哭吧，怕什么，不必装模作样！这是直率，不是软弱，因为哭一场并不影响赶路，有时反能增添一分小心。山花烂漫，景色宜人，陶醉了，要笑就笑吧，怎么了？不必故作矜持！这是坦诚，不是骄傲，因为笑一次并不影响赶路，有时更能增添一分信心。在生活的道路上，要哭就哭，要笑就笑吧！只是别忘了赶路。”

人生浮沉是一种历练，岁月沧桑是一种积累。悲过了，才知道喜的可贵；哭过了，才知道笑的芬芳。苦难是一把双刃剑，带给女人伤痛的同时，也会让女人快速成长。曾在风雨中摇曳的玫瑰，总比终生只在和熙阳光下的花朵，更有傲骨，更有魅力。要知道，不畏严寒傲然盛开的红梅，经历艰难之后散发的美，永远是令人震撼的。

## 心平气和是
## 最可取的生活态度

真正的出离心是：你可以随时抛弃任何熟悉的东西，可以走出任何你习惯的场景。不会有犹豫，不会有不舍。如你可以做到这一点，你可以说你的出离心很完美。具有出离心的人可以接受任何改变，他不会因为任何事情而愤怒。任何事情，不光是那些很世俗的事情，也包括那些你认为很神圣的事情。

——宗萨仁波切

如果说，没有任何脾气的女人是一杯白开水，永远是逆来顺受的模样，令人索然无味；那么随意乱发脾气的女人，就如同一颗烟雾弹，能在不经意的瞬间湮没所有美好。

初见她的人，十个有九个都说她是现代版的林黛玉。生在烟雨江南，伴着小桥流水人家长大，特殊的气候与环境，造就了她清瘦柔弱的江南气质。这样一个女子，理应是惹人疼爱的，偏偏她总是一副清高冷傲的姿态，让人难以靠近。纵然有人走进她的世界，却也总在不久之后，淡淡地离开。

做了多年的旁观者，他一直觉得，是别人不懂她。终于，在一个阳光温暖的春日，他手捧玫瑰向她倾诉压抑许久的心声。突如其来的浪漫，着实给她带来了惊喜，只是一向清高的她，怎肯轻易接纳？夜晚，他在她的楼下摆放心型的烟花，点燃之际，她在楼上感动默许。

赢得她的芳心，他发誓，要好好待她。她说："我脾气不好。"他回应："漂亮的女孩，大都有点脾气，没关系。"真的并非花言巧语，他心里着实这么想，他也相信，自己会做到令她满意，不惹她生气。

他向来是一个宽容的人，凭着这份宽容和厚实，常常给周围的人一种信任感和踏实感。可惜，他根本没料到，她的小心眼和坏脾气，竟超出他的想象。

第一次正式以男女朋友身份约会，说好下午两点在电影院门口见面。偏偏，他正准备关门歇业的时候，诊所里突然来了一个急症病人。医者仁心，不管怎么说，他都得先照顾好病人。结果，到电影院的时候，晚了20分钟。其实，他到的时候，她也才刚到5分钟。他下车后，一路跑到她跟前，上气不接下气地掏出电影票刚要解释，她却一脸愤怒，直接把电影票撕碎，拂袖而去。

他追上她，跟她解释，她不耐烦地甩出一句话："是不是就你会看病？是不是就你一家诊所？"这番话一出口，他心里顿时凉了一半，从前的他只知道她脾气坏，可这两句话却让他不寒而栗，感到一股冷漠。他没再说什么，因为再给他一次机会，他依旧不会丢下病人不管。

晚上在酒吧里，他跟朋友唠叨起白天的事。已婚的朋友笑道："没事儿，女人当姑娘时脾气不好是正常的，等结婚有了孩子就好了。"

他信了，因为他爱她。半年后，他们结婚了，他以为她的脾气会收敛一些，可直到他们有了孩子，她还是一如当初尖酸刻薄，因为一点儿小事就吵架。小孩子哭闹本是正常的事，她却听不得，总说他不顾家。他诊所忙，加班回来晚，她也摆出一副爱答不理的样子，觉得他不够负责任。

她爱浪漫，他尽量满足她。每逢重要的日子，他从不忘给她买一束花，或是带她去新鲜的餐厅。在他看来，浪漫就像是一袭华丽的晚礼服，纵然美丽耀眼，令人心醉，却不适合每天穿在身上。对此，她却是另一种态度，非要把每天的日子都当成纪念日，恨不得一日三餐都要精致。坦白说，他受不了，偶尔的奢华浪漫是情调，每天都要如此，却不免有些腻。就像吃多了山珍海味，最怀念的还是一碗白粥配小菜。

工作上，他待病人态度极好，收费也合理，诊所越来越有口碑，扩大规模是必然趋势。他联系了一个不错的朋友，希望他能入股合作，那段日子，他一直忙着这件事，回家的时间自然也就晚了。没想到，她竟然开始怀疑他有外遇，还时常打电话跟家里的老人念叨这些，搞得像是真的一样。起初，父母不以为然，可听得多了，难免起疑，还有意无意地提醒他自重。他心里压着一股委屈，自己明明在为这个家努力打拼，却被扣上黑锅；若自己真的忽略了她和孩子也就罢了，可该做的事，自己一样也没落下。

新诊所开业后，她的神经质愈发严重，但凡来了年轻的女护士，她就会起疑心。没事儿的时候，总要到诊所里转转，虽然什么也不说，可那拉长的脸任谁见了，都只想敬而远之。好几次，他根本不知道发生了什么事，她就拉开了冷战的序幕，就算说话，也只是冷嘲热讽。

回顾这段感情，他思绪万千。曾经，他以为是周围的人都不懂她，不肯迁就她，才说她冷傲清高不可一世。现在，和她生活了这么久，他拿出了所有的宽容和迁就，却依然改变不了她内心的狭隘和无理取闹的坏脾气。他依然爱她，可明天的路该怎么走下去，他却毫无头绪：继续在一起，找不到平静和踏实；就这么放弃，心里却万般不舍。

在爱情中，维系幸福的不是山盟海誓，是彼此的包容与相濡以沫；在友情中，维系情谊的不是相互索取，而是真诚地付出与接纳。谁都会有情绪，但要让某个人时时刻刻迁就你，无论对错都全盘接收，实在太难。

记得一位女作家在谈及女性修养时说过这样的话："不要做随意耍性子、发脾气的女人，觉得谁都应该宠着你，一点小事儿就任性妄为。发脾气不能突显高贵和尊严，只能让你看上去粗俗彪悍。真正优雅的女人，应该温柔体贴，宽容慈悲。"

在漫长的岁月里，别让愤怒和坏脾气绑架了你所有的美好，如果可以，希望你成为这样的女人：不咄咄逼人，不尖酸刻薄，收起自己的愤怒，收敛自己的脾气，有问题就想办法解决，有分歧就静心沟通。要知道，最可取的生活姿态不是愤怒，而是平和。

# 别把所有难过留给漆黑的夜

你以为只要受了委屈就会有人关心、以为即便不联系对方对方也会主动联系你、以为自己有了成绩别人就一定为你开心，你把自己看得很重要，但不代表在别人心里你也同样重要，他人今天给你的劝慰和鼓励，明天就会被自己的忙碌生活取代，少一些指望，免得空欢喜，生活始终需要依赖自己。

——张皓宸

黑夜，或许可以掩盖这个浮华世界的一切不纯粹，却永远掩盖不了内心的伤痛。

依琳在微博里写道："如果有一天，黑夜不再来临，我宁愿挖空我的双眼，不再面对这个虚伪的世界。"浏览的人颇多，转载的人亦不少，唯独没有人来评论。也许，谁也想象不出，一个女子究竟经历了什么，承受了什么，才会写下这样一句血淋淋的话。

白天，依琳置身于人群，显得风风火火、干练坚强，身为一家大公司的中层，衣着光鲜、职位体面、薪资不菲。那些初入职场的年轻女孩，来公司的第一天，目光就紧盯着依琳，有羡慕、有嫉妒、有欣赏。依琳在工作上的确雷厉风行，做事麻利、稳当、踏实，深得老板赏识。但凡有什么重要的事，交付到她手上，不管多棘手，最终都能漂亮地解决。

然而，别人记住的永远是依琳外表上的坚强和洒脱，真正走进她的生活、看穿她心思的人，寥寥无几。这些年，唯有她自己清楚，一直以来她都在用不羁的性格掩盖内心的脆弱，在用脸上的微笑掩盖内心的无助；她是个害怕失去的人，怕失去这份来之不易的工作，怕失去别人对自己的崇拜与尊重，所以再难的事，再苦的水，她都强迫自己咽到肚子里，然后在时间的搅拌下，慢慢消化，最后装作什么都没有发生。

也许，是戴久了假面的缘故，依琳更喜欢黑夜。唯有黑夜将她笼罩时，她才会脱去疲惫的外衣。可惜，黑夜无法抹去她内心的悲伤，反而只会令她觉得更委屈、更难以承受。为了逃避这种痛苦，她会到酒吧里买醉。

几乎每个礼拜，她都会有两三个夜晚出现在街头那家酒吧，直到凌晨两三点才离开。当然，她来酒吧只是喝酒，从不与他人有过多接触。偶尔，她会去唱歌，享受着台下的人对她的称赞与大呼小叫；若有人邀她去跳舞，高兴了她就欣然接受，不高兴就当没听见。

直到那天，她出乎意料地“失态”了。一切，只因那个越洋电话。

她在公司加班到9点，已是身心俱疲。电话铃声响起，她看了一眼屏幕，心里原是一阵安慰，可才接通，她欢喜的心就跌到了谷底。远在异国他乡的男友，决定终结他们三年的感情。晴天霹雳，来得太突然了，依琳毫无防备。

她带着一颗伤感的心，走进那家熟悉的酒吧。恰好，酒吧里的一位常客望见了她，主动和她攀谈，她不回应。其实，依琳认得他，平时经常见他跟服务生调侃，只是并不暧昧。他在她旁边坐了下来，什么也不说，陪着她喝酒。在她的头几乎抬不起来、快要倒下的时候，他一把扶住了她，带她出了酒吧。

依琳醒来后，发现自己躺在一个陌生人的床上。她心里一阵慌张，突然眼前出现了一张熟悉而陌生的脸，他问：“睡得怎么样？”她红着脸，问：“昨晚你睡在哪里？”他指了指门外的客厅，她这才放心。

餐厅的桌子上，已经摆好了早餐，依琳轻轻地说了一声："谢谢。"他坐下来吃早餐，对她说："不管有多大委屈，遇到多难的事，也别留在夜晚去消融。夜太黑，容易迷路。"

那天以后，依琳再没有去过酒吧，更没有再见过他。但他说的那句话，却深深烙在了她心里，让她明白：一个女人要学会用合理的方式调节自己的情绪，而不是在深夜买醉，麻痹自己，那只会让伤口糜烂，让自己从一种痛苦陷入另一种痛苦之中。

工作上，她尽力而为，不再处处逞强，逼迫自己；生活上，遇到烦心的事，约个朋友去K歌，倾诉衷肠；实在不想说话的时候，就跑到游泳池游上几个来回，或是在跑步机上挥汗如雨，让运动的快感带走内心的烦闷。

当深夜来临，她会安静地窝在家里，享受静谧。忍不住胡思乱想的时候，就放上几首安静的曲子，强迫自己专注在音乐中；亦或者，让自己看一部温情的影片。渐渐地，黑夜对她来说，不再像过去那样，只是用来释放伤痛的平台，而是真的成了放松身心的时刻。

依琳恍悟：白天的辛苦不言而喻，若再用黑夜来咀嚼痛苦，不过是在伤口上撒盐。人生路上，有许多痛苦都是必经的过程，谁也无法逃避，唯一能做的，就是自己调节。到外界寻找刺激与快乐，只是一时的发泄；来自内心的平和与安详，才能让自己变得勇敢无畏。

当黑夜来临，别躲在角落里哭泣了，你的眼睛会红肿，你的脸色会难看，你的心情会更加凄凉。今后的日子还长，照顾好自己的心，在黑夜里给自己点燃一盏烛光，静下心来抚平带刺的情绪，享受一杯温热的牛奶，聆听一曲安静的小调。不管发生了什么事，都要记得给自己留一场无梦的睡眠。当你睁开眼，又是新的一天！

# 消除不了的压力，放一放也无妨

有些束缚，是自找的；有些压力，是自给的；有些痛苦，是我们自愿的。没有如影相随的不幸，只有死不放手的执着。不要把目光盯在别处，只有坚持做好自己，才能看到下一秒的路。不要把某些人事看得太重，陪伴你到终点的，只会是你与你的影子！相信自己，我们能作茧自缚，我们就能破茧成蝶！

——加措活佛

忘了从什么时候开始，卓一冉觉得，生活已经不属于自己了。

她入职的时候，恰好公司刚刚起步，一切都是摸索着来。可以说，这三年来，她和公司是同步成长的。从一开始的懵懵懂懂，到后来的驾轻就熟，再到现在成为中流砥柱，公司里里外外的事务都少不了她。当然，这一切也跟卓一冉的性格有关。她是个要强的姑娘，凡事不愿轻易认输，还略带一点完美主义的情结。

每天她都最早到公司，午饭从来没有一个准点，晚上更不知道加班到何时，还要经常全国各地跑客户，一天飞两个地方也是家常便饭。每天从睁开眼的那一刻起，就有一大堆事情等着她来处理。节假日休息时，她也习惯了把时间用在工作上，如果某个周末睡了懒觉，或没有做一点儿跟工作有关的事，心里还有种罪恶感。

朋友嘲笑她说，她准是得了“压力上瘾症”。

坦白说，卓一冉从没想过自己心理上有什么问题，可朋友半开玩笑的这句话，真的让她听进了心里。她在网上搜索与之相关的内容时，看到了这么一段话：

“压力让人上瘾，还因为有压力时可以发发牢骚。这种感觉相当好，人们渴望“被需要”的感觉，女性尤其如此。自己做得越多，就越成功、越有价值。为了让自己的存在更加重要，‘压力上瘾’族总是把日程填得满满的，并乐此不疲地筹划着下一个行动计划。如果放松下来，反而会有一种罪恶感。即使找不到压力的理由，他们也会没事找事，把小事夸大，使之升级到‘高度紧张’的状态，给自己制造和创造压力，否则就会觉得心里空落落的。”

字字句句，精准无误地道出了卓一冉的现状。她想不出，自己的生活里除了工作还剩下什么？没有聚会，没有娱乐，没空看书，没空旅行，没空睡觉，没空陪家人，没空照顾自己的身心。机械的生活就像一个陀螺，停不下来。银行卡里的数字在增加，奖金提成在增加，可有谁知道，她是多么羡慕街头那些年轻的女孩，把自己打扮得漂漂亮亮，去约会、去度假、去玩乐。她也想活成那样，可总有种莫名的压力牵制着她，动惮不得。

一个仲夏之夜，卓一冉难得跟朋友叙旧。食不知味地吃了一顿晚餐后，她们到河边散步，走得累了，就在河边的椅子上休息。卓一冉索性躺在了椅子上，望着星空，对朋友说：“我真希望，时间就此停止，明天不再来临了。现在的日子，太烦、太累，真有点扛不住了！”

“扛不住就放下吧，纠结什么呢？这又不是什么大不了的事。”朋友不以为然。

“我也想，可总是放不下，好像一放下，天就塌了。”卓一冉说的是实话，她试过几次，却总是刚刚开始就退缩了。

“听我的，下个月跟我一起去泰国玩几天，提前跟老板请假，别想那么多。”朋友是个乐天派，习惯了我行我素的生活，她觉得，卓一冉是时候暂别现在的生活状态了。

“那……我试试吧！”卓一冉的回答并不是那么肯定，她心里还在犹豫，还在想很多事情该怎么交接安排，这是她一贯的行事作风。

她忐忑不安略带愧疚地跟老板提出请假，说自己身体不太舒服，下个月想请假10天调整一下。本以为老板会不乐意，没想到，老板答应得挺痛快，还带着些许理解的口吻说：“行，你是该好好歇歇了。”

出发的日子如约而至。临行前，卓一冉准备了大包小包各种东西，甚至还想带着电脑。朋友无奈地摇摇头，说：“小姐，你是你去度假，不是出差。”终于，只带了一个包，与朋友轻装出行了。

沿途，但凡她一提及和工作有关的事，或是思绪被拉回到紧张、焦虑的状态中，朋友就会提醒她：“什么都别想，你是来度假的，享受此时此地此身。”在朋友的引领下，卓一冉终于渐渐放开，从焦头烂额的忙碌中抽身而出，感受风景，享受美食，把一切压力都抛在脑后。度假的那几个夜晚，虽在异国他乡，她却睡得格外安稳、香甜，久违的轻松感，让她慢慢地拾回了生活的快乐。

假期结束，再次回到公司时，她惊奇地发现：之前自己所担忧的事，一件也没发生。她不在职的日子，各项事依然井井有序，同事也一如当初。过去那些巨大的精神压力，许多都是自己强加于心的，感觉扛不住的时候，放一放，其实也无妨。说得俗气一点，地球离了谁都照样转。

有了这一次体验，卓一冉心理的包袱顿时变小了。在工作上，她依然风风火火、干脆利落，可她不再把各种有形无形的枷锁套在心上，强迫自己像上了发条的闹钟，一刻不停地高速运转。她知道，真正美好的生活，是有着前进的动力，同时也有时间去欣赏旅途中的风光，扮靓自己的容颜，让生命变成丰富的七色板，而不是单纯的黑与白。

生活本不累，累的是人心。本以为自己足够顽强，足够有力，习惯把所有问题都自己扛；本以为今天走得快一点，明天就能离生活近一点，却忘了在你追赶生活的时候，生活可能早已面目全非。当你觉得内心不堪重负时，就该学会“卸载”，把那些不需要的东西放下。只有放下不需要的，才有精力珍惜最想呵护的，才能够除却繁杂，让生活简单自然。

## 除了生与死，其他的都是小事

心情不好就少听悲伤的歌，饿了就自己找吃的，怕黑就开灯，想要的就自己赚钱买，即使生活给了你百般阻挠，也没必要用矫情放大自己的不容易，现实这么残酷，拿什么装无辜。改变不了的事就别太在意，留不住的人就试着学会放弃，受了伤的心就尽力自愈，除了生死，都是小事，别为难自己。

——张皓宸

若不是那一纸诊断书，苏嫰还不会如此真切地体会到，生命是那样地脆弱。

坐在医院走廊里，看着陌生人来来回回地移动，她的眼泪止不住地在眼眶里打转。诊断书上写着，子宫肌瘤，这几个字完全把她吓懵了，她甚至想到自己跟癌症沾了边。就在这时，丈夫打来电话询问，本还能控制住情绪的她，在接通电话的瞬间，痛哭起来。丈夫安慰她别紧张，说自己很快就到。

瘫坐在椅子上的苏嫰，满脑子都是后悔。后悔自己的脾气太坏、嫌丈夫赚钱少、嫌婆婆啰嗦、嫌孩子不争气，每天不停地唠叨，好像全世界都亏欠了她，不知道她的委屈。即便如此，丈夫还是笑脸相迎，不愠不火；婆婆也不计较她脾气差，帮她带大了孩子不说，家务活也很少让她做。但自己呢？

爱慕虚荣、嫉妒心强、时常把坏情绪带回家、折磨最亲的人。现在想来，不免觉得很傻，如若真的走到了生命尽头，那些身外之物都将不复存在。

所幸，她的病情没那么糟糕，只是良性肿瘤。但在住院的那段日子，她对生活、对生命终于有了更为深刻的体悟。

看起来偌大的住院楼，里面人满为患，偶尔楼道里还要加床。一问，许多人得的都是令人闻之胆颤的“癌”。有些人承受不了，情绪失控；有些人是医院的“常客”，已经习惯，说起病情来毫不忌讳。

她住的是三人间病房，每个人都有一段特别的故事。

左床的女病人，年纪和她差不多，模样清瘦，性格温和，说话慢条斯理，给人很亲切的感觉。她去年查出乳腺癌，这已经是第二次住院了，一直做化疗，下次再住院就得动手术了。说这些话的时候，她非常平静，就像是在讲述别人的事那样，丝毫没有恐惧感和沮丧感。

生病前的她，一直争强好胜，什么事都不肯低头认输。研究生毕业后，顺利地进入一家机关单位。去年年初，她升职为副处级干部，正可谓风光得意。原本一切都很顺当，却没想到年底体检时查出了这个病。得病之后，她不得不在家休养，远离了世事纷争，心态倒也平和了许多，逢人就说：“争来争去的，有什么意思呢？没了命，什么都是白搭。若不是得这个病，我还想不明白呢！现在，很多事我也无力操心了，也不着急了，随它去吧！”

右床的病友，50多岁，曾在一家外企做统计。年纪算不上大，可头发全都白了。三年前，她被确诊为宫颈癌，那时候，护士们都说，她看起来不过四十多岁，可这几年被病魔给折腾的，一下子老了10岁。

她总说，自己的病是急出来的。前两年，房价猛涨，她家的房子正好赶上拆迁。这套房子原是母亲留给她的，但因为补偿款有一大笔钱，兄弟姐妹们也都来凑份子，想分一杯羹。吵架、生气、打官司，家里闹得鸡犬不宁。最后，好不容易得到一个公正的处理，却没想到自己得了癌症。

而今，房子已经拿到了钥匙，也装修好了。可她心里却一肚子苦水，她总跟丈夫念叨：“以前我爱着急、爱生气，想要什么东西就恨不得天天想着。大半辈子，就像是一路跑着过来的，路上有什么根本不知道。现在病了，倒能好好歇歇了。”

苏嫩望着病友，心里说不出的难过。平日里，或许谁也不会想到生死的问题，总觉得生命还长，还有很多东西要得到、要拥有。想发脾气的时候，只顾着一时痛快，根本不顾及周围人的感受，也不会想到着急生气是在变相地折磨自己。直到有一天，突然发现，生命根本经不起这样那样的折腾，才恍悟什么是人生中最重要的东西。

好在，上天眷顾她，用这一场病唤醒了她那颗沉睡的心。病愈后的她，性情变了许多。家里再没有那个唠叨、愤怒的脸庞了，而是多了一个温和大度的女主人。她领悟到，世间的每一种相遇都是美丽的，尤其是家人，在一起不是为了生气，而是为了理解、互助和爱。

记得有一段话是这样说的：“我们都要好好地活着，因为我们将会死很久很久。如果你从来没有经历过残酷的战争、被囚禁的孤寂，以及忍饥挨饿受尽痛苦和折磨的日子，那么你已经比世界上那5亿人都幸运了。”

是啊，活着就是最大的幸运。在生命面前，名利、财富、房子、车子、事业、荣誉，都显得微不足道。每天怨气横生、心情抑郁、情绪失控，就算穿戴再奢华、住所再宽敞，又有什么意义呢？活着，为的是舒心，不是斗气。

无论挣多挣少，都坦然地接受，活得朴素自然，活得坦坦荡荡，就能避免失落带来的痛苦。只要一生都在踏实地努力，就算创造不出什么辉煌，也可以感受到生活的真实和追求的快乐，正所谓“得鱼固可喜，无鱼亦欣然”。

人生载不动太多的烦恼、忧愁，穷也好，富也好，得也好，失也好，都是青烟一缕，人活得终究只是一种心情。别再急急躁躁，动辄生气了，当坏情绪涌上心头的时候，别忘了提醒自己：我不是为了生气而活着，这世间除了生与死，其他的都是小事。

# 别让小情绪<br>扰乱了整个人生

最折磨人的通常不是那些值得说出口的苦难，而是那些琐碎细小，似乎微不足道，又切切实实让你痛苦的小情绪。

——微酸袅袅

正午时分，骆驼在沙漠里跋涉，太阳像一个巨大的火球，晒得它又渴又饿。焦躁万分的骆驼，心里有一股莫名之火，不知该往哪儿发泄。

就在这时，一块玻璃瓶的碎片硌了骆驼的脚掌，气急败坏之下，骆驼抬起脚狠狠地将碎片踢了出去，却不小心把脚掌划开了一道深深的口子。鲜红的血液顿时染红了沙粒。

骆驼心里很恼火，一瘸一拐地走着，沿路的血迹引来了空中的秃鹫，它们在骆驼上方的天空盘旋着。骆驼心里一惊，不顾伤势开始狂奔，在沙漠上留下一条长长的血迹。跑到沙漠边缘时，浓烈的血腥味引来了附近的狼，因精疲力竭外加流血过多，骆驼显得很无助，完全像一只无头苍蝇那样，东奔西突，仓皇中跑到了一处食人蚁的巢穴附近。很快，食人蚁闻到了血腥味儿，倾巢而出，黑压压地向骆驼扑了过去。

仿佛就在一瞬之间，骆驼就像被一块黑色的毯子包裹了一样。很快，骆驼就鲜血淋漓地倒在了地上。奄奄一息时，它哀叹道："我为什么要跟一块小小的碎玻璃生气呢？"

这则故事，源自网络上的一则漫画——骆驼之死的启示。

看过后，也许你会发现，它不只是一个故事，反倒更像现实中某些片段的缩影。生活的路，就如同那广阔无垠的沙漠，会有难以忍受的日晒，会有偶尔硌脚的碎玻璃，绝非一番坦途。敏感脆弱的女人，在遇到不愉快的事时，习惯性地情绪爆发，只顾着眼前的发泄，却未曾想过歇斯底里会把自己推向可怕的深渊。

死撑到月底，终于捱到了发工资的日子。只是，L内心的喜悦还未完全释放，就被工资单给浇熄了。她思前想后也没明白，为何工资会少了100块钱？鉴于自己是公司的老员工，35岁的年纪在那摆着，她实在不好意思为了这点钱去质问老板。

自认倒霉吧，可心里实在不痛快。L虽未直接把事情说出来，阴暗的脸色却告诉了所有人，她今天很不爽，随时都有可能"火山爆发"。下班时间一到，L就迫不及待地往外走，一分钟也不想待在办公室里。也许是走得太急了，她刚一出门，就跟老板撞了个满怀，局面有多尴尬，可想而知。老板撇了撇嘴说："这么大的人了，怎么还毛毛躁躁的？"跟老板道了歉，她失魂落魄地上了电梯。

骑车回去的路上，她还在想刚刚的一幕，又是愤怒，又是担忧。愤怒的是，自己兢兢业业，恪守本职，老板竟然扣了她100块钱；担忧的是，刚刚自己如此鲁莽，老板会不会看出了自己的心思，今后给自己找"麻烦"？

下班路上车水马龙，路人也是行色匆匆。L正走神呢，只听见"哎呀"一声，电动车前面摔倒了一个人，她自己也栽倒在路边。忍着疼痛爬起来，才意识到自己撞了人，幸好对方是个讲道理的人，没有胡搅蛮缠，身体也无大碍。看着对方被刮破的衣服，L只得从钱包里掏出200块钱，作为一点赔偿。

好不容易到了家，L已是身心俱疲。往日的她欢快得像个鹦鹉，见她今天这般失魂落魄，丈夫也猜出了大概，问："怎么了？像丢了魂儿一样？"L正愁一肚子火没处发，见丈夫嬉皮笑脸的样子，内心的小火山腾空而起："你别招惹我，我今天倒霉透了，心里不舒服！"

"你不是经常心里不舒服吗？又不是头一回了！"丈夫根本不以为然，直到看见她衣服上的脏迹，才紧张起来，问："你摔着了？有没有摔坏？让我看看。"也许是心里太委屈了，听到这么关切的话，L忍不住掉了眼泪，把今天发生的事一股脑儿全说了出来。

丈夫一边递来纸巾，一边安慰："想开点儿，你没受伤就是万幸了。以前也提醒过你，别动不动就闹情绪，有些事根本不值得去生气，更不值得耿耿于怀。想想看，那100块钱算什么呢？也许是算错账了，没把你的加班费计入……就算真的是扣了你的工资，那也没什么大不了，何至于为了这点钱苦思冥想，在大街上走神，连命都不要了？今天还算幸运，今天不管是把人家撞坏了，还是把你摔坏了，都是大事，远比那100块钱重要得多。"

L一声不吭，听丈夫说着，觉得自己是有点小题大做了。晚上，登录社保网查询的时候，她突然想起来：今年的社保基数调整了，就从这个月开始，从工资里扣除的100块钱，实则是自己缴纳社保了。更惭愧的是，老板把余下的零头也从公司账户里垫了，她却以小人之心度君子之腹了。

想到这儿，她惊出一身冷汗：如果今天自己没控制住情绪，跑去质问老板，那情景该有多尴尬啊？工作能否继续做下去暂且不说，就单单在个人修养与素质上，就会遭人鄙夷。这件事也给她提了一个醒，不管什么时候，都要收敛自己的小情绪。看似不起眼的"爆发"，有时引来的就是一场灾难，而这样的灾难其实完全是可以避免的。

美国作家罗伯·怀特说过："任何时候，一个人都不应该做自己情绪的奴隶，不应该使一切行动都受制于自己的情绪，而应该反过来控制情绪。无论境况多么糟糕，你应该努力去改变你的环境，把自己从黑暗中拯救出来”。

对于女人而言，你不一定要有多么轰轰烈烈的举动，有时看似不起眼却要长期坚持下来的事，才是最考验意志力的。随意地跟着情绪走，乱发脾气，那是动物的本能，而能够巧妙地控制脾气，时刻彰显出内涵与修养，才是人的本事。记住，千万别让小情绪慌乱了整个人生。

# 不知所措的时候，冷处理也好

有两件事，一定是亏本的买卖：一是发脾气，你再有理，也难免会得罪人，失去机会；另外一种是在冲动下许诺，脑子一热，就给自己找了不少出力不讨好的麻烦。所以，在有情绪的前提下管住嘴，是每个人必然要做的修炼。

——马　丁

二十年前，经人介绍，她认识了现在的丈夫。那个年代的年轻人，眼睛里的爱情和婚姻都是单纯的，没有太多的附加条件，也就是见了三四次面，彼此都觉得还算满意，就直接谈婚论嫁了。整个过程，没有一见钟情，没有玫瑰鲜花，没有心潮涌动，一切都很自然，之后就平平淡淡地组建了一个小家。

刚结婚那会儿，丈夫没有正式的工作，家境也很一般。好在，他是个上进肯学的人，在外与人相处也是头脑活络，婚后一年他就跟朋友去了外地。起初是在建筑工地做小工，渐渐地开始自己承包活，做包工头，后来生意多了，他就开了一家建筑公司。事业发展得极好，他也忙得顾不上回家，后来干脆就把她和孩子接到了外地，买了一套房子并安了家。

为了做生意，他应酬的时间越来越多，经常出入歌厅、洗浴中心、酒吧，过去从来不碰酒的他，总是喝得酩酊大醉。作为枕边人，她自然也意识到了丈夫的变化，于是心平气和地跟他谈了一次，他说自己不过是逢场作戏，为了生意，为了一家人的生计，不得不陪着客户。许多事，不是出于本意，真的只是照顾客户的需求。她不是固执死板的女人，也知道丈夫每次都是因为陪客户才会喝醉，所以就没再多说什么。

俗话说："常在河边走，哪能不湿鞋？"次数多了，他开始将应酬当作享受了。从前，他一文不名，如今却可以在赌场里轻松地拿出几万块钱做筹码，一掷千金的豪气，惹来同性的唏嘘和年轻女孩的崇拜，她们会嗲声嗲气地叫他一声"哥"。从灯红酒绿的花花世界里走出来，回到平凡的生活中，再见到平凡的她，他有些厌倦了。于是，开始夜不归宿。

对丈夫的行为，她心里压抑着愤怒和难过，可除了吵闹几句之外，也没什么更好的办法。原来，她在家乡的厂里上班，可搬家到这里之后，她已经做了近10年的全职太太，完全与社会脱节的她，平生第一次体会到了别人说的，独立是女人的灵魂。如今的她，不知离开丈夫后该如何生存，也没有了年轻时的勇气。无奈之下，只好忍气吞声。

丈夫在外面拈花惹草，却没有一个固定的女人，也没有对她提出什么要求。外面的世界再精彩，他心里还是惦念着这个家。对她而言，这也许是最后的一点安慰了。她希望，她的忍让和包容可以让他迷途知返，却不料，换来的是他的变本加厉。

丈夫在外面结识了一个20岁出头的年轻女孩，还给她在闹市区开了一家小店。她以为，这一次丈夫也不过是逢场作戏，累了倦了就会回家，回到她和孩子身边。事实证明，她想错了。

那天晚上，她正在客厅里看电视，丈夫沉默了片刻，突然说道："咱们离婚吧。"他表情严肃，并非像玩笑话。她愣了一下，脑子里闪出的第一个念头是：这么大年纪了，离婚？难道他想把那个女孩子娶进家门？她心里有个强烈的声音在抗议，她不想离婚。

果然，丈夫坦白告诉她，他就是爱上了那个年轻女孩，想跟她结婚。

她问："你有多爱她？"他说："很爱，和她在一起，我感觉整个人的状态都变了。"

她没有再问，也没有歇斯底里地闹。她知道，这个时候，说得越多，便会将自己伤得越深。与其如此，倒不如给自己留点颜面。看着他期待答案的眼神，她轻轻地说了一句："让我考虑考虑。"她感觉到，他的眼神里有一阵欣喜。

之后，她去了那女孩开的店。女孩皮肤白皙，笑起来有一对浅浅的酒窝，确实漂亮。当她告诉女孩，她是他的妻子时，女孩一脸不屑，轻笑着说："他不爱你。"

离开小店时，她的心情很乱。她想不明白，丈夫为何会爱上一个如此浅薄的女孩，竟然还愿意为了她抛弃妻子。走得累了，她在桥边静坐。想起自己，也曾年轻漂亮过，也曾深深地吸引过他。她和刚刚的那女孩，只是隔了20年的岁月，却被贴上了新欢与旧爱的标签。现在的自己，就像影视剧里说的"黄脸婆"一样，啰啰唆唆，不让他抽烟、不让他喝酒、不让他赌博；过问他每一笔开销，买衣服货比三家。她这么做的初衷是因为爱，可却已经成为他眼中的包袱。想到这些，她泪如泉涌。

三天以后，她在离婚协议书上签了字。手续还没来得及去办，她就回了娘家，想自己静一静。临走前，她望着房间里的一桌一椅，一阵揪心的疼。她给丈夫写了一封信：

"从此以后，我不再是你的黄脸婆，不再是你的佣人；我不必再花时间给你熨烫衣服、搭配领带，我想打扮一下自己；我不必再每天等你回家，为你在路上的安全提心吊胆，我想睡个安稳觉；我不必再担心你抽烟伤了肺、喝酒伤了肝，我想花点时间去旅行；我不必再操心你家的亲戚谁要做寿、谁要嫁娶，我想多照顾一下我的父母。

"我没有年轻过吗？我没有单纯过吗？你送我的每件东西，我都视如珍宝。我很爱你，可是婚姻包含着许多责任，我不可能全心全意地专注于你，我得照顾公婆、照顾孩子。所以，当另一个女人全心全意地拿出她炽热的爱来袭击我的幸福时，我无以抵挡。离婚，对我来说，也许是一件好事。

“你说你很爱她，那么等你们在一起生活几年之后，再看看那时的情形吧！看看你是不是还像现在这样激情澎湃。她现在能给你的，都是我曾经给过你的。等你折腾够了，也许会发现，你不过是把我们走过的路又重复地走了一遍。”

一个月后，他打电话给她，告诉她孩子的近况和公司的一些事情。她平静地提出，要去民政局办手续，他沉默片刻之后，终于开口：“回来吧。对不起，以后我们好好过日子。”

最终，他们没有离婚，那个女孩也退出了。她很庆幸，当初没有歇斯底里地和他大闹一番，而是静静地选择了冷处理。

许多事都是如此，冲动、愤怒于事无补，原本可以挽回的局面，也可能因为情绪过热而一败涂地。受了委屈，遇到突发事件，迷茫不知所措的时候，收敛起火暴的脾气，给自己一点时间，给对方一点时间。

当被冲动冲昏的头脑慢慢冷却下来后，一切都会呈现出最真实的样子。待到那时，无论去或留，走或停，作出的决定都是最理智的，不至于在日后回首时，悔恨遗憾。

# 你的伤心欲绝，改变不了结局

那个时候，我还不知道我们可以一如往常生活、工作，在开玩笑的时候心如刀割……我完全不知道，我们可以在伤心欲绝的同时，一面全神贯注工作，精神崩溃同时又笑容可掬，悲伤又自在，苍凉又爱恋。

——布里吉特·吉罗《爱情没那么美好》

多年前，她在即将上台演出的时候，意外得知自己的丈夫与相识多年的女朋友走了。这个如同晴天霹雳般的消息，让她措手不及，她真的毫无防备。知情者都在犯嘀咕：怎么办？她怎么承受得了？却只见，她淡淡地笑了笑，继续化妆，就像听到了别人的事一样。

十几分钟后，她以最佳的状态站到了舞台上，给观众展示出最灿烂的笑容。她不急不躁、声调平稳，给观众们讲了许多幽默风趣的事，惹得观众都很开心。回到后台，她一如既往地卸妆，看起来和往日一样，没有任何异常。

当真的婚姻遭遇了假的童话，她表现得很镇定，她坦言："1992年，我与丈夫结婚；1997年，因为聚少离多，中西文化差异以及丈夫不肯放弃一个多年的女朋友，我离婚了。从小我们听了太多的童话，其实公主王子的故事都是骗人的。美满的婚姻是一个幻想，离婚是幻想的破灭。幻想不是真的，但婚姻是真的。”

对任何一个女人来说，婚姻的失败都不可避免地会带来伤痛，于她而言亦如是。但她知道，伤心欲绝改变不了任何结局，甚至会让生活变得一团糟。她承认了婚姻的失败，但并不觉得自己输了。在一次访谈中，主持人问她，遇到人生低谷或危机的时候，会很沮丧吗？会陷入什么样的状态中？

她给出的答案很明确：“很痛苦的事，你尽量不要想它。睡一觉，哭一场，过了以后，会感觉好得多。痛苦往往是在夜晚，好像睡不了觉，其实好好地睡一觉，醒来后看东西都不一样了，就算是很痛苦的东西，也都会过去的。我离婚后，很痛苦，但我很忙很忙，我告诉自己：离婚后你还没有真的给你自己时间，给你自己时间去容许你自己伤心。

“我每天一个人走到海滩，我要哭就哭。但我提醒自己，两个礼拜以后就不容许再想了。因为人生的这一页要翻过来，不能够永远都是‘我好痛苦啊，我很痛苦’，永远痛苦下去，对谁都没有好处，对你家人没有好处，对于伤你心的男人也没有好处，对自己更没有好处，你的朋友不愿意看到你这样子。”

终于，她捱过了那段艰难的日子，跟自己的情绪做了一次抗争。婚变之后，她没有垮掉，事业比从前更加辉煌，人生也过得更精彩，无论到哪儿脸上都洋溢着自信的笑容。这个女人有一个响亮的名字——靳羽西。

苏格拉底说：“人失去了勇敢，就失去了一切。”

究竟，怎样才算真正的勇敢？不是无所畏惧，而是当一切已经定局，能够掌控自己的心、梳理好自己的情绪。毕竟，对已经发生的事而言，你伤心流泪、你悲痛欲绝，只不过是徒劳，结局不会因此有任何改变，除了让你丢掉明天、丢掉未来。

曾听闻这样一件事：一位年过半百的阿拉伯富商，由于生意中一次错误的判断，倾家荡产，欠下大笔的债务。他卖掉了房子、车子，还清债务。无儿无女的他，在穷困潦倒之际，陪伴在身边的只有一只猎狗和一本书。

某天，他来到一个荒僻的村庄，找到一间避风的茅棚，在里面住了一宿。第二天早起，他发现心爱的猎狗被人杀死，直挺挺地躺在门外。那是与自己相依为命的唯一一个伙伴了，它的离开，让他对人生彻底绝望了。他扫视了一眼周围的一切，突然发现，整个村庄死一般的寂静。

定睛再看，太可怕了！到处都是尸体。显然，这个村庄昨天晚上遭到了匪徒的洗劫，除了他，整个村庄里没有幸存者。老人悲痛之余，不得不欣慰地想：我虽失去了心爱的猎狗，但我却是这里唯一的幸存者，我不能沉沦下去，我没有理由不珍惜自己。

就这样，老人带着坚强的信念，迎着灿烂的太阳，重新出发了。

在痛苦中找寻到希望，是一种生活智慧，也是一种生存技能。如此，才不会把自己逼到死角。正如黎巴嫩诗人纪伯伦告诉我们的那样："你欢笑所升起的井里，往往充满了你的眼泪。悲伤在你心里刻画得愈深，你就能包容更多的快乐，你快乐的时候，好好省察你的内心吧！你就会发现曾经令你悲伤的东西，也就是令你快乐的因素，其实令你哭泣的东西，也曾带给你快乐。"

别再沉浸在那些无谓的人与事之中了，收拾好慌乱与哀痛，不要再任由自己陷入悲伤、愤怒、恐惧和无助的哀愁里。生命有阳光也有阴霾，就看你能不能拥有一颗坚强的心、一双智慧的眼，透过岁月的流沙寻觅到灿烂的星星。

在成年人的世界里，没有谁比谁容易，只是我们习惯看到萤火虫发出的光芒，却忽略它扇动的翅膀。不要责备命运赐予你的太少、生活对你过于吝啬，要知道，人人都有挣扎与努力，都有困惑与宿命。你若想成为理想中的自己，那就努力吧！记住：越努力，越幸运。

# 辑二

## 别责怪生活的吝啬，当你不肯用心的时候

# 世间没有任何一种幸运会从天而降

改变自己不容易，即使是你明知道是不好的毛病。说要改，但没行动力，久之就成了惯性，说过的话变成了说说而已。羡慕只有配上行动力才有意义，想遇到想象中的人，就得让自己接近想象中的自己；想拥有不曾有过的生活，就得做以前不曾做过的事；想过上让自己满意的日子，就得付出与之相符的努力。

——卢思浩

某天深夜，她接到女友A打来的电话。

电话那端，传来极度亢奋的声音："猜猜看，我现在在哪儿呢？"

她睡意朦胧，嘟囔着："你能在哪儿？大半夜的，不是去K歌，就是去喝酒了。"

女友A笑她俗气，说："告诉你吧！我现在在加州呢！"

她叹了口气，对女友A说："真羡慕你啊！"

挂断电话后，她睡意全无，脑海里全是女友A的影相。

说起女友A，还得从大学时代讲起。她们是室友，上下铺，关系私密得很。那时，A不止一次地对她说，毕业之后有机会一定要出国。她一直以为，A只是说说而已，毕竟A的家境一般，想要出国留学，不但需要自身的努力，也需要财力的支持。

大一那年，周围人都在学英语，为了准备四级考试。A每天也跟她一起，抱着一本雅思的书说，光看四级的还不够，得“拔高”一点，这样才更有通过的把握。她笑话A是三分钟热度，不知天高地厚，却没想到，到了大二那年，A竟然真的通过了雅思。

业余时间，女友A想拉她一起去打工，说体验体验生活。从小就养尊处优的她，听到“打工”的字眼很是兴奋，就满口答应了。接下来，就是四处奔波，面试筛选，没折腾几次，她的新鲜劲儿就被消磨殆尽了。之后，女友A就开始忙碌起来，凭借自己出众的外表和口才，做了会场的兼职主持，这份工作一直持续到她大学毕业。

毕业之后，女友A去了上海。自那以后，她们一南一北两地相隔，唯有靠网络和手机联系，见面的机会少之又少。不过，她一直关注着女友A的动态，一直感叹着她丰富多彩的人生。似乎，A的生活始终处在变化之中，每天都充满了新奇，若是有些天不去看她的动态，再看的时候，就有可能出现让你大吃一惊的一幕。

想想这些年的自己，她不禁觉着，日子过得有些索然无味。大学四年，平平淡淡地过去了，没什么可喜的成绩，也没有值得回味的辉煌。毕业后，她依靠着家里的关系，找了一份相对稳定的工作，谈不上喜欢或不喜欢，只是养活自己的一份差事罢了。谈及未来，有点迷茫，望着周围越来越多穿着婚纱步入婚姻殿堂的姑娘，她想，可能下一段路就是找个好人嫁了。

几日后，她看到了女友A的最新动态。原来，女友A真的实现了自己的梦想，她不是旅行去了，而是到加利福尼亚大学读书去了。一时间，评论留言如雨后春笋，几乎都是羡慕与唏嘘的声音，关系不太熟的献出了客套的祝福，关系一般的发表了自己的佩服之情，关系熟稔的则毫不隐晦地流露出“羡慕嫉妒恨”。

她和女友A在线聊天，调侃着说：“喂，你都已经成了‘女神’级别的人物了，近期茶余饭后话题的焦点非你莫属！多少同学眼红呢！说真的，我也挺羡慕你的！”

女友A发来一个坏笑的表情，回了一句：“唉，你只看到了萤火虫的光芒，却没有看到它背后扇动的翅膀。”

只此一句，犹如醍醐灌顶，浇醒了她那颗沉浸在羡慕中的心。多数人，包括与女友关系最亲近的她，看到的都只是她光鲜亮丽的人生，却从未用心感悟和亲身经历她所走过的路程。

女友A说，许多人追着问她背单词的秘诀？她开玩笑地说，自己过目不忘。其实，哪有什么秘诀可言，不过是背了忘、忘了继续再背，反反复复、周而复始罢了。别人只看到自己英语过了六级、雅思，却没有人问她熬过多少个通宵自习。

当别人羡慕女友A有一份不错的兼职、不用问家里要学费、过早实现了经济自由时，她说：“我主持活动冷场遭人起哄的时候，没有人为我解围，还得硬着头皮把活动进行下去。有时，从早到晚的忙，吃不上一顿像样的饭，也没有人知道……但我不难过，从我决定去实现理想的那天开始，我就知道，想拥有必须先付出，这个世界上有很多人天生条件优渥，可以坐享其成，但我从来不是那个幸运的姑娘。”

是的，世间从没有一蹴而就的完美，也没有从天而降的幸运，我们总是羡慕别人的光芒，却不擅长透过表面看到别人背后的努力，习惯性地迷失自己的心。其实，生命是一个慢慢积累的过程，很多事情，需要等待很久才能看到努力后的回报。期间的种种艰辛，旁人未见或不解，个中滋味只有亲身经历才会懂。

有句话说得好：“每个优秀的人，都有一段沉默的时光。那一段时光，是付出了很多努力，忍受孤独和寂寞，不抱怨不诉苦，日后说起时，连自己都能被感动的日子。”

所以，真的不必去艳羡他人、感慨自己不够幸运，静下心来，默默耕耘，为了你想要的明天去付诸努力。只要付诸行动，时间不会阻拦你成为你想成为的那个人，这个过程没有时间的期限，只要你想，随时都可以开始。

# 别等着他人来送，想要什么自己去争取

于普通人而言，温和有礼，不打架不骂人不挑衅不肇事，不贸然闯入他人世界，不给他人添堵，不麻烦他人，不害他人，就是善良。简而言之，依靠你自己过好你自己的生活，已经很善良了。

——《读心卡：时光深处的秘密》

安妮宝贝说过："要做一个内心强大的女子，碰到喜欢的东西，要自己买给自己。不可以寄希望于男人，否则会失望，或者会不珍惜。"

漂泊在繁华的都市，她曾经无比渴望拥有一个属于自己的家。只是，那时的她力量太过单薄和渺小，不足以支撑这个梦想。在见证了两三个闺蜜的婚礼，眼看着她们走进幸福，在城市里某个角落里安了家，身心有了依靠之后，她内心的渴望变得更加强烈。

她对男友说："我们是不是也要考虑买房的事了。"贪图享乐的男友，手移动着鼠标，眼皮抬也不抬，回了一句："不想买，背负那么大压力干嘛？况且，我家里有房子啊！"说这话时，他根本没看到她脸上的焦虑与不安，更体会不到她当时多么缺乏安全感。

她默不作声。对，他家里是有房子，一栋三层的小楼，可他的家远在千里之外。她想要的，是在眼下这块土地上有个属于自己的归宿。每次听到周围的人谈论房子，她的心总是沉沉的，她甚至怀疑，他是否真的爱自己？是否想到了两个人的未来？

那一年，即2005年，她24岁。

时隔两年后，她不再提买房的事了，因为房价已经突飞猛涨，当初她看上的地段，如今的价格已让她望尘莫及。至于那个坚决拒绝买房的男友，也已经离她而去。一场谈了六年的爱情，就这样无疾而终，留给她的是满心伤痕。

痛定思痛之后，她把银行卡里那仅有的10万元存款取出，在市郊一个不算繁华的地段，贷款买了一处小房子。也许，从此要拿出一部分生活费来还月供，可她心里是踏实的，靠自己得来的东西，让她感到温暖和骄傲。

记得许久之前，她曾对前任男友说过，想去西藏布达拉宫，体验一下心灵的净化。男友信誓旦旦地说，会带她去想去的地方，看想看的风景。只是，承诺与誓言，总是有口无心。从相互有好感，走到至亲之人，而后成了陌路，曾经说的话，也随着那段逝去的感情烟消云散了。

她想起安妮宝贝说过的话："为何要在茫茫人海寻找灵魂唯一之伴侣，自己是唯一伴侣，他人不过是路边风景，就如你坐在火车上，看得到风景在出现，消失，又出现，一直此起彼伏，那是因为你在前进。你只能带着自己去旅行。对他人，可以善待，珍重，但无需寄以厚望。没有人可以解决我们的内心。"

是的，她不想再等待了，不再希冀有一天能遇见一个拉起她的手一起行走天涯的人。自己想要的、自己想做的，自己去实现。她买了那张渴望已久的车票，坐上火车去了拉萨。

有时候，越是习惯了依赖、习惯了寄希望于人，就越容易丧失勇气。一旦想明白了，迈过心理的那道坎儿，就会渐渐懂得，最想要的幸福，唯有自己给得起。

一位留学德国的女孩，曾在一篇人生感悟里写下这样的字句："如果你足够强大，你就不会把幸福押在别人身上，你会自己创造幸福或者能给别人带来幸福，而变得强大的途径，就是学习，就是读书，就是学一切东西，读一切想读的书……无论是什么样的女生，平凡的，突出的，都应该做一个精神和物质很强大的女子，想要钱，自己赚；想要房车，自己买；想要男人，自己找。而不是无赖地等待着别人给你钱和傻乎乎地等男人来找你。"

女人不仅要学会为自己活着，更要学会为自己负责。紧张和吝啬会养成习惯，不要等到不能享受了再来享受生活。喜欢一样东西，用自己的能力去得到，没什么不合适。

别傻傻地等着他人送你玫瑰，这一生若遇不见那个浪漫的人，也许玫瑰就只是一个梦；即便遇到那个浪漫的人，他也未必会一直给你想要的。真的想要花香，就到花店给自己买一束清新的，放在喜欢的竹藤圆茶几上，让满屋散发出百合的味道，带着丝丝的浪漫，透着微微的感动，漾出缕缕的温存。在物欲横流的时代，给自己的内心留一抹柔软的情调。

别傻傻地盼着有人带你去见识世界，想听一场音乐会，想看一场芭蕾舞，干脆地买票，优雅地进场，在第一时间听到想听的声音，看到自己想看的画面，丰富生命的内涵，那是最有意义的自我投资。

别傻傻地想着等爱人赚了足够的钱供你去保养、去保持美丽。想买一件蚕丝睡衣，那就在自己可以承受的条件下，为自己购置一套，别再拿旧衣服当睡衣穿，它会让你感受不到生活的品质。所谓精致不是多么光鲜亮丽，而是在细微之处突显对自己的关爱；想要一套护肤品，那就花一部分工资成全自己，青春不可重来，岁月亦不饶人，等有一天你有足够的钱了，想要再美美地保养时，即便花再多的钱也买不回娇颜了。

素黑说："自爱，无须等待。"

女人要用心生活、用心待自己。人生旅途，别奢望有谁永远知你的心，永远能够保证给你想要的生活。若真的想要一件东西，那就自己去争取。

如此，人生才不会失望。

# 生活从不曾亏欠谁，只是略偏爱有心的女人

生活不会按你想要的方式进行，它会给你一段时间，让你孤独、迷茫又沉默忧郁，但如果靠这段时间跟自己独处，多看一本书，去做可以做的事，放下过去的人，等你度过低潮，那些独处的时光必定能照亮你的路，也是这些不堪陪你成熟。所以，现在没那么糟，看似生活对你的亏欠，其实都是祝愿。

——张皓宸

一个喜欢怨怼的女人，某天夜里遇到了天使。天使对女人说："很快就有好事降临在你身上了，你将有机会得到大量的财富，嫁给一个如意郎君。"

女人终其一生都在等待这个奇迹，可直到生命结束，也未曾等到。她在穷困与孤独中度过了一生，心里满是哀怨和愤怒。

死后，她去了天堂，并再次遇到了那个天使。她一脸不满，语气中夹杂着埋怨，对天使说道："你说过，会给我财富，会让我嫁个如意郎君。我等了一辈子，什么也没得到。"

天使回答："我没有说过那种人，我只承诺过要给你机会得到财富，并嫁得如意郎君。可是，你让这些从你身边溜走了，我也无能为力。"

女人百思不得其解："我不明白你的意思。"

天使问："曾有一次，你想到了一个不错的点子，可惜因为怯懦，你放弃了。几年后，这个点子被给了另外一个女人，她无所畏惧地尝试了。你可能记得那个人，她后来成了你们城里最富有的女人。还有，你记不记得一个鼻梁挺拔、身材高大的男士，你曾经非常强烈地被他吸引，你从来不曾那样喜欢过一个人，之后再也没有碰到过像他那样令你心动的人。可是，你觉得他不可能喜欢你，也不可能跟你结婚，因为自卑，你错过了。其实，他本来应该是你的爱人，你们会有几个可爱的孩子，跟他在一起，你的人生将会有许多快乐"

女人听完天使的话，眼里含着泪。一直以来，她都认为天使欺骗了自己，生活亏欠了自己，此刻才知道，路是自己走出来的，怨不得任何人。生活不会是一番坦途，但亦不会是绝境；它不会亏欠任何人，但会略偏爱那些有心的人。

她曾是身无分文的农村姑娘，如今已是腰缠万贯的成功女性。23岁的她，只用了短短三年的时间，就让人生实现了如此大的跨越。

时间拉回到三年前，那时的她，正在一户人家做保姆。偶然的一天，女主人让她陪着自己去参加一个楼盘的开盘活动。当时，售楼处挤满了人，售楼小姐带大家参观样板房时，不知道是谁撞翻了客厅墙角的花盆架，不偏不倚正好砸在电视机上，一下子把屏幕砸碎了。看房的人们面面相觑，纷纷推卸责任，都说不知道怎么回事。售楼小姐望着狼藉一片的场景，急得快哭了。

回来的路上，她的脑子里一直想着刚刚发生的事。途经一家玩具店时，她突发奇想：能不能像玩具模型那样，用一种塑料的仿真家电来代替实物呢？这样的话，开发商不仅可以降低成本，挪动起来还很方便，且不怕摔不怕碰。

她把自己的想法告诉了女主人，没想到，女主人非常赞同她的想发，还表示愿意为她的创意投资。欣喜若狂的同时，她心里也有些许顾虑：自己只是一个小保姆，做这样的事会不会让人嘲笑？她把心思怯怯地说给女主人，女主人非常平静，诚恳地对她说了一句让她没齿难忘的话：这个世界上，没有谁生来平庸。

在女主人的倾力支持下，她开始着手联系生产厂家，拿着自己产品的照片到各个楼盘去做推销，还热情地带领房地产公司的负责人来参观自己设计的家电模型。因为一套家电模型的成本，不及实物成本的十分之一，且比实物看起来更美观耐用，她的产品备受客户的青睐，首批生产的几十套产品，很快就销售一空。

初次尝试就取得了成功，这给了她莫大的信心。之后，大到沙发、衣柜、书柜、电脑桌，小到厨具、餐具、摆设，她的模型公司都开始进行生产。有一段时间，产品竟然出现了供不应求的局面。不到一年的时间，她的公司就迅速发展起来，积聚起上百万的资产。

当年那个怯怯的农村小姑娘，而今成了一家大公司的老总。有人说，她运气实在好，做保姆时遇到了好的雇主。可见证了那段历程的人知道，她的今天，绝非全都仰仗运气的青睐，更多的是她自身的努力。当初，在售楼处看房的人拥挤不堪，打碎电视机时推卸责任的人不在少数，而后真正用心去思考这件事，并从中发现机会的人，却寥寥无几。

这个世界不是有权人的世界，也不是有钱人的世界，而是有心人的世界。

记得有本书叫作《世界再亏欠你，也要敢于拥抱幸福》，里面如是写道："无论世界如何对待你，你依然有一种选择。人始终有一种自由，就是应对不自由的自由。你认为世界亏欠了你，于是始终闷闷不乐，那么不仅世界亏欠了你，你也亏欠了自己，因为你放弃了选择的自由，任由生活的境遇来控制自己，最终这样的态度也不可能改变自己的境遇，抱怨、放弃甚至绝望只能让人坐以待毙。"

其实，许多看似得到命运恩宠的女人，也许一开始都不过是平平庸庸的一份子，只是她们不抱怨生活，不畏惧生活，而是每分每秒都在用心生活，留意那些转瞬即逝的机会。所以，别再说生活亏欠了你，当你足够用心、足够努力的时候，生命才有逆转的可能。

## 就算嫁对了人，
## 也不过是幸福的一小步

女人干吗奋斗，干得好不如嫁得好？问题是“嫁得好”就比“干得好”来得容易吗？你要给人家爱你的理由。就怕女人是这样的，生命是厨房的，收入是商场的，财产是没有的，成绩是上司的，身体是男人的，时间是小孩的，只有雀斑和皱纹是自己的！男人爱你的态度取决于你爱自己的程度！

——赵格羽

世间很多人都喜欢赌一把：古玩界“赌石”，赌徒“赌金”，男人“赌酒”，女人“赌幸福”。

她的婚礼，是在一家豪华酒店里完成的，上千人见证了那个神圣而浪漫的时刻。那天，她穿着特制的奢华婚纱，宛若童话里的公主；她身边的爱人更是惹眼，一个俊朗的小伙子，家境殷实，年轻有为。朋友们羡慕她，说她好福气；亲戚们夸耀她，说她有眼光。

就像走过恋情之路，抵达婚姻殿堂的女子一样，她所憧憬的幸福，也只是一场与众不同的婚礼。生活究竟是怎么回事，她从未想过。她享受着、陶醉着，觉得幸福触手可得。

婚后三天，是回门的日子。爱人因有事，未来得及吃午饭，就匆匆地回公司了。她本以为，母亲会给她做一桌子爱吃的饭菜，却没想到，母亲给她熬了一小锅白粥，炒了一些素简的青菜，完全不像往日那般殷勤热情。

“怎么了？是不是嫌饭菜太简单了？”吃饭时，母亲缓缓地开口问。她撇撇嘴，没说话。母女连心，她的心思母亲何尝不知，可做母亲的用心良苦，她却丝毫不解。

母亲说：“结婚那天，山珍海味不都吃到了吗？今后的日子，不可能每天都像那天一样，轰轰烈烈，青菜白粥的平淡日子，才是真正的生活。女人呐，不是嫁得好一辈子就无忧了，人生的路长着呢！”她左耳听，右耳朵出，并没把母亲的话放心上，反倒觉得母亲是瞎担忧。

婚后不久，她辞掉了工作，想安心在家调养身体，准备要个孩子。对此，母亲坚决反对，不想她放弃工作，说这等于放弃了独立的资本。她觉得无所谓，反正家境优越，也不缺自己赚那点儿死工资，况且他也是真心待自己好，才乐意让她养尊处优。

一年多以后，她没有如愿怀上孩子，到医院检查，查出了问题。确诊后，原本心情就不痛快的她，还要面对公婆的冷眼相待，心里更不是滋味。他工作忙，很少陪伴她，即便是在家，也没心情对她嘘寒问暖，细细地揣摩她的每一个表情，每一句话。偶尔，公婆还会在他跟前说一些不中听的话，时间久了，他也动摇了，对她也显得有些不耐烦。

此时，她才想起母亲当初对自己说的话。原来，真的不是嫁得好就能保证一辈子都好，生活就像流水，不可能永远定格在某一瞬间，人也会随着时间和岁月的打磨，渐渐地转变。她曾以为，拿青春和美丽赌一场爱情，拿金钱和物质赌一场婚姻，绝对不会输，可现在才明白，终究是自己错了。

这段以华丽姿态盛开的婚姻之花，没能抵挡得住现实的风雨，在一个阴雨的日子，以一纸离婚协议凋零了。她重新回到自己的家，回到父母的身边，带着满心的伤痕，还有满心的教训。那一年，她完全是在家里疗伤，心理上的和身体上的。

差不多“痊愈”后，她重新找了一份工作，不为赚多少钱，只为不让自己与社会脱节，不让自己寄托于任何人而生存。在经济上独立、在人格上独立，才有尊严和权利去定义属于自己的幸福。

几年后，她对爱情、对婚姻、对自己都有了更深刻的认识。当有人再度给她牵媒拉线，说起对方条件如何优越时，她总是笑着说："嫁得好不一定比干得好容易，你要给别人爱你的理由。如果自己都没有一个积极的状态，嫁得好也不过证明在那个时间点嫁的'好'而已，不能代表一辈子。"

嫁得好，嫁对了人，不过是幸福的一小步。要想一辈子过得好，还需要经营的智慧。所谓经营，不只是经营彼此的感情，更重要的只经营自己。就像一位国外的婚姻专家说得那样，我们无法从婚姻中获得额外的东西，除了那些我们能够带入的。言外之意，不要以为婚姻可以改变命运，可以给你想要的所有，那不过是一种幻想而已。

不要拿婚姻当一场赌博，即便真的是赌博，也是需要赌资的。如果你连赌资都没有，你能有多少胜算？又凭什么能赌赢幸福呢？赌博虽然靠运气，但好运不会每次都降临到你身上。你有机会遇上优秀的男人，并不代表你就能拥有这个男人的一切。是你的终究是你的，不是你的，赌也赌不来。

# 生活不会因你而改变，你变了世界才会变

成熟，不是你懂得了多少大道理，而是理解了更多小矛盾；成熟，不是你结交了多少相投的人，而是接纳了更多不合的人；成熟，不是你可以从事伟大的事，而是可以专心卑微的事；成熟，不是你可以改变世界，而是可以改变自己；成熟，不是你发现自己多聪明，而是知道了自己多愚蠢。

——杜子建

记得有则寓言故事里讲到：一个国王统治着一个富足的国家。某天，他徒步到一个偏远的地方考察民情，返回宫殿的时候，他觉得脚疼痛万分，毕竟这是他第一次出远门，外加所行之路崎岖不平，沙石遍布。为此，国王下令，要把全国的道路统统铺上皮革。可想而知，要实行这一命令，得需要成千上万张牛皮、花费大量的资金。

一位谋士斗胆向国王建议："英明的国王陛下，您没有必要花那么多无谓的冤枉钱，您只需要割下一小块牛皮，包着您尊贵的龙足，就可以达到同样的效果。"国王惊讶不已，采纳了这个建议，并为自己做了一双"牛皮鞋"。

托尔斯泰说："全世界的人都想改变别人，就是没人想改变自己。"

生活亦如一面镜子，你对它笑，它也对你笑；你对它哭，它便对你哭。要想改变生活，就必须先改变自己。只有你变了，世界才会跟着改变。

说说大洋彼岸一个女人的故事。

甜美的外形，火辣的身材，让小甜甜布兰妮·斯皮尔斯一度受人追捧。但谁也没想到，2006年，一度以青春玉女著称的她，竟然以一副年轻“大妈”的形象出现在众人面前。当时，她只有24岁，身材臃肿不堪，俨然变了一个人。

这一切，都只因为婚变。

也许是伤透了心，布兰妮一蹶不振，她无时无刻不在抱怨生活，几乎忘了曾经的自己是什么模样，也无所谓怨妇般的自己惹得人见人躲。身材走样，不管不顾；亲生儿子，置之不理；任何对她表示有好感的男人，她都与之纠缠不清。如此堕落不堪，让媒体和粉丝大跌眼镜、极度失望。

终于有一天，她清醒了：继续沉沦下去，只会让人生变得更糟。她闭上不停抱怨的嘴，不再随意倾吐不耐烦的言辞，开始着手自己新的MV，彻底激发体内正能量，找回从前的自己，甚至比从前还要好的自己。

当她迈出改变自我的那一步时，奇怪的是，人们的争议声也消失了。这个世界，随着她戒掉的抱怨变得安静了，宽容了。

这个世界，永远无法尽如人意，有时甚至会让我们大失所望。然而，我们终要记得：“不开心，不是生活出了问题，而是生活方式出了问题。”最后，仅以英国一位主教的墓志铭与世间所有正处于忧虑和困惑中的女子共享：“少年时，意气风发，踌躇满志，当时曾梦想改变世界。但当我年事渐长，阅历增多，发现自己无力改变世界。于是，我缩小了范围，决定先改变我的国家，可这个目标还是太大了。接着我步入了中年，无奈之余，我将试图改变的对象锁定在最亲密的家人身上。但天不遂人愿，他们个个还是维持原样。当我垂垂老矣之时，终于顿悟：我应该先改变自己，用以身作则的方式影响家人。若我能先当家人的榜样，也许下一步就能改善我的国家，再以后，我甚至可能改造整个世界。”

# 停止索取吧！心甘情愿地给予一回

你以为这个世界吝于给你的，其实是你吝于给以这个世界的，你吝于付出是因为你的内心深信自己渺小，而且没有东西可以付出……试着将你以为别人吝于给你的东西——赞美、感激、协助、关爱，等等，给予人们。

——艾克哈特·托尔《新世界》

有时，人一旦习惯了索取，就容易忘记感恩。

从小在蜜罐里长大的她，向来都是衣来伸手，饭来张口。生活压力为何物，她从不知晓。后来，她遇到了一个宽容的男人，成了家，从相识到婚后，他几乎没有跟她翻过脸。然而，对于他的这份“好”，她似乎并不是那么珍惜。

也许，是骨子里的那份高傲在作怪；也许，是他宠她太厉害。

她模样漂亮、身材姣好、追求者众多；他样貌平平、家境平平、站在人堆里毫不起眼。当年，就因为他对她百依百顺，她才选了他。她可以在他面前肆意地发脾气、耍性子，他总是淡淡一笑、听之任之；她可以下班后坐在客厅里看电视，他在厨房忙活，变着花样做她爱吃的菜，还要容忍她的挑挑拣拣。

唯一一次争吵，是因为春节回哪儿过年。结婚三年，每年春节都是在她父母家里过的，毕竟她是家里的独生女，且住得比较近。若是回他家，春运人多不说，冬天的农村始终不如城里的楼房暖和，他也担心她的身体。可今年，他很想回去看看，她却怎么都不依。情急之下，他和她吵嚷了几句，一赌气，她夺门而去。

北方的冬夜很冷，她不知道该去哪儿，开着车在街上游荡了一会儿，打电话给自己昔日的女友。恰好，女友一个人在家，她便直接去了女友那里。见她哭红的眼睛，听她诉说了半天，女友笑着摇摇头，给她递来纸巾，而后到厨房给她煮了一碗热腾腾的葱花面。

她看着那碗面，眼泪簌簌地往下落，说了一句："谢谢。"

女友说："谢什么呀？他每天好吃好喝的伺候你，你都没放心上。习惯了索取，就忘了感恩。想想，人家也是父母辛苦养大的，离家那么远，回去看看也是应该的……况且，也不是每年都去啊！你也得体谅体谅他，一样都是人，都有心，他也会难过，也会失望。"

她默不作声。吃过了那碗面，她给他发了一条消息：我在婷家。

第二天是周六。临近中午，女友家的门铃响了，是他。尽管两个人之间还有许多问题未说开，可碍于面子，她还是跟着他一起走了。他提议，午饭就在他们经常去的那家餐馆解决，她没有异议。

到了餐馆，她叫来服务员，照例点了一份水煮鱼，一份香辣虾。这两样菜，都是她平日最喜欢吃的，每次光顾这里，也是必点的菜肴。

服务员刚要下单，他突然对她说："能不能给我点一份我爱吃的？"

她有些诧异，问："你不爱吃这个吗？"

"你忘了，我是江苏人，我其实不太爱吃辣。这么多年，我一直吃的都是自己不太喜欢吃的东西。"他笑着说。

她的心再也不能平静了，一种愧疚和自责顿时涌上来。回想恋爱两年，结婚三年，整整五年的时间里，她竟然从未主动问过他喜欢什么，不喜欢什么，一切都只按照自己的习惯来，根本没考虑过他的感受，更忽略了他的付出。

他说："春节，你还在这里过吧！我一个人回去。我父母年岁大了，身边没人照顾，每次到你父母家与他们团聚的时候，其实我都很想念我父母。因为你的家在这里，我才留在了这里。我很少说我自己的感受，只是希望你过得开心，也愿意为你忍受这些事，不想我们之间为了一些小事争吵，更不想让你烦心。"

她的眼泪再也止不住了，他一如既往地给她擦眼泪，笑她傻。她说："今天回去我就订票，春节和你一起回家。"

饭后，他们手牵着手走出餐厅。回家路上，她感慨万千：曾经，以为幸福就是无限地得到，从父母那里得到关爱，从他那里得到宠爱，以为这一切都是自己本该拥有的，对他们无悔地付出，从未有过丝毫感激之情。此刻，她才明白，生活和幸福不仅仅是索取，还有心甘情愿地给予。人活一辈子，总要为他人做点什么，生命才有意义，才会变得厚重和丰富。更何况，是对自己身边最亲最近的人。

印度有一句古谚："赠人玫瑰之手，经久犹有余香。"给予别人需要的，接受者会为之感动，自己的心灵也能得到洗礼。就像美国作家欧·亨利的著名短篇小说《麦琪的礼物》中的那对年轻夫妇，一个剪掉了头发，换来了一个表链；一个卖掉了金表，买了一套发梳。他们互赠的礼物都变成了最无用的东西，但他们却得到了世界上最珍贵的爱，这就足够了。因为给予，他们快乐着。

女人应当学会给予，懂得给予：给予成功者清醒，给予失败者冷静；给予冷漠者热情；给予爱人信任，给予朋友真诚；给予强者尊重，给予弱者帮助……如果说幸福是天空中的一颗璀璨之星，那么给予就是通天之梯，只有沿着这架梯才能摘下星。一份耕耘，一份收获，学会给予，幸福才会张开它看似吝啬的双臂，主动向你走来。

停止无休止地索取吧！心甘情愿地给予一次、付出一次，就像冰心老人说的那样：“爱在左，同情在右。走在生命路的两旁，随时播种，随时开花，将这一径长途，点缀得花香迷漫，使穿枝拂叶的行人，踏着荆棘不觉得痛苦，有泪可落也不是悲凉。”

## 别催促上帝的安排，给彼此一点时间

从一个不知所谓的女孩变成某人人生里的天降神兵。把一个青涩害羞的男孩变成可以真正令你仰赖的大神。其实我们缺乏的不是够好够对够靠谱的那个人，而是最后的最后，大家彼此都需要的那一个人。如果你给他多一点时间，他也多给你一点时间，多好。来，让我们来谈一场不赶时间的恋爱。

——十二

青春飞扬的日子里，三个女孩宛若三色堇，亮丽而鲜活。时隔多年，她们的人生历经变迁截然不同。十年岁月，改变的不只是容颜，还有人心与思想。

女孩A，长得不怎么漂亮，身材也不那么出众，学习更是一般。成长的回忆里，她永远都是别人身边陪衬的绿叶，鲜少有人注意她，内心那颗叫作自卑的种子，慢慢生根发芽。她的青春，仿似苍白的纸张，没有过诗情画意、没有过脸红心动，至多有一场不为人知的暗恋。她总觉得，爱情是一件遥远的事。

到了适婚年纪，在家人的催促下，她相亲、结婚。究竟是不是因为爱而步入婚姻的殿堂，她说不清楚，也许只是为了完成一项生命中重要的任务吧！偶尔想起自己的人生，她不免觉得有些遗憾，就像一朵原本可以盛放的花，身处艳丽的花丛中，悄悄地隐藏了自己，含苞待放，却终究未曾开放。

女孩B，有一头金黄的头发，皮肤白皙，从中学时代开始，身边的追求者就络绎不绝。这是许多美丽女孩令人羡慕的地方，总有那么多出乎意料的关怀与呵护，总有那么多温暖目光的追随。或许，她本无心过早品尝那酸涩的情感，可在懵懂的年纪里，自制力终究敌不过那诱人的青苹果。

高中时，她开始了一场奋不顾身的爱情，荒废了学业，高考落榜。母亲苦口婆心劝她，与男孩断绝来往，再复读一年，但她说什么也不肯听，最后丢给母亲一句话："你别管了，让我自生自灭吧！"她害怕错过这个喜欢她、疼爱她的男孩，飞蛾扑火也认了。

到了20岁，她迫不及待地嫁了。原以为，幸福会这么延续下去，没想到，真正的生活才刚开始，爱情就经不住考验了。从来没考虑过的柴米油盐，成了每天的必修课，所有浪漫的回忆都成了定格，日子变得平淡如水，原本有说有笑、甜甜蜜蜜的小情侣，也开始不停地拌嘴……这一切，她始料未及。

原来，果树上结出的第一颗果子，虽珍贵，却未必是最好的、最甜的。太害怕错过，太害怕失去，奋不顾身地去坚持，也未必是真的懂得珍惜。长久的爱，需要经历岁月的打磨，才能知道是否可以经得起风霜雨雪，可以过得惯粗茶淡饭。

走得太急了，爱得太急了，往往会失魂落魄。急什么呢？天没老，地也没荒。

女孩C，爱过、痛过、单身过，生命中来来回回地经历了不少人，眼见着朋友都开始结婚生子，她亦不慌。她告诉自己：不必羡慕别人的爱情，我也可以轰轰烈烈，只是岁月让我多等待，以磨炼心性。越是迟来的幸福，越能体会到等待与珍惜的不易。

有人张罗给她介绍对象时，她也会见面，但绝不会轻易委曲求全。她相信，岁月会把最好的留给后面，最好的安排是时间给予的。这个世界上最勇敢的事，不是奋不顾身地往前冲，而是走一段路看一段风景、和自己的心对话、不急不躁地等待。太渴望拥有的时候，往往遇不到对的人，即便贪图温存在一起，最后也只能两败俱伤。

流言蜚语是生活中永远不会消失的事物，谈及别人对自己的看法时，她说：“这世间不被接受的人和事太多，我管不了别人对我的看法，我能做的就是活得潇洒坦荡。生活是自己的，管它是掌声还是嘲笑声，自己的笑声比什么都重要。生活的剧本，爱情的结局，我要自己来撰写。不求惊天动地，轰轰烈烈，但求让生活丰盛有趣，爱情细水长流。”

终于，30岁那年，她遇见了那个对的人。他穿着她最爱的格子衬衫，摘下一朵栀子花，笑着递给她。不奢侈、不高贵，却深深打动了她的心。直觉告诉她，那就是她一直在等的人；他也笑着说：“以后的日子里，我会陪你走过春夏秋冬，陪你细水长流。”

那一刻，她真觉得，所有的力气与青春的等待都没有白费，所有孤独不安的时光，都是为了此时此地此刻的破茧成蝶。生命中总有些美好，是辛苦等待换来的。这种等待，不是挑剔、不是眼高手低，只是安于己心、淡然生活。短暂的寂寞，暂时一个人生活，都只是为了遇见更好的人，为了不将就着生活。

牡丹富贵，玫瑰浪漫，芍药妩媚，那是与生俱来的本性，不是盛放的缘由。纵然是一簇白菊，在百花凋零的秋季，依然可以傲然盛开，不与百花争艳，却有着另一种高洁。花如是，人亦如是。爱情与幸福，并非美丽女子独享的专利，它属于每一个热爱生命的人，但前提是你不放弃最初的坚持，你坚信自己能够等到并拥有一份难得的情感。

每个女人都有机会遇见那个陪自己走过一生的、最对的人，只是需要一些时间。所以，不必因为寂寞而凑合着恋爱，不必催促上帝的安排，要相信，岁月有的是时间，让你遇见更好的人，你永远都等得起一份对的感情。

人生像一场戏剧，情节中有生离死别，有凄凉孤独，有辛苦忙碌。也许，生活中的一些痛苦让你措手不及，命运的折腾会让你感到无助和沮丧。你有权哭泣，可是哭过后，还是要咬着牙走下去。就算全世界都抛弃你，你也要懂得疼爱自己，多给自己一些温暖。

# 辑三

# 倘若命运忘记厚爱你，你更要疼惜自己

## 挤出一抹微笑，你会比想象中还要坚强

有很多事是因为不想麻烦别人，所以自己咬咬牙就撑了过去。也有很多难以启齿的困难被自己死扛了过去。低潮期受到挫败的时候觉得自己没法振作了，最后还不是熬了过来。你看，我们都比自己想象中的还要坚强。

——沈三废

有人说，如果哭泣时没有肩膀依靠，那就仰起头，只有自己强大，才能掌控自己的命运。

30多岁，有家有室，正是迎头上进的时候。可命运多舛，她原以为只属于老年人疾病的脑血栓，没想到它竟降临到了自己身上，以至于落下了半身不遂的毛病。

刚得病的那两年，丈夫对她还算不错，方方面面照顾得都很周全，时常安慰她，给她宽心。她知道，丈夫期待着她有朝一日还能变回从前的样子，可最终这个幻想破灭了。他也终于明白，她无论经过怎样的医治和康复训练，都不可能“完好如初”，而后终于心灰意冷。

当一个人的心凉了，随之而来的就是什么都不在乎了。很快她就发现，

丈夫的言行间多了几分不耐烦。她不忍心责怪，只觉是自己拖累了他，但凡力所能及的事，她都不轻易开口求他。即便如此，这段婚姻还是没能保住。9岁的女儿乖巧懂事，坚决要跟着她，理由是：“妈妈需要人照顾。”

患病之前，她在小城里经营一间裁缝铺，那时的她，心灵手巧，平静亲和。仿佛只在顷刻之间，一切都变了，昔日热闹的铺子，如今变得萧条冷淡。多年前，她为爱、为了他，来到这里，而今他离开了，她再无依靠，残酷的现实容不得她自怨自艾、慢慢疗伤，为了自己和女儿，她必须要重新“站”起来。

很快，她低价转让了裁缝铺里的所有东西，而后联系了代理福彩销售的生意。洗衣服、做饭、操作电脑，原本都是得心应手的事，现在每一件做起来都很费劲。摔坏东西、烫手、打错字，成了家常便饭。偶尔，她也懊恼、也会哭，怨恨老天让自己年纪轻轻地患了这样的病。哀怨无用，除了坚强她别无选择。

那几年的日子，真的不堪回首。她以为自己挺不住，可就在一次次咬着牙、流着泪扛下所有艰辛之后，一切都过来了。现在，她依然是一个人带着女儿，生活却已全然不同，曾经的绝望与痛苦，都已化作了坚韧和勇敢。

人生充满变数，太多无法预知的事情，会在你没有防备的时候悄悄降临。没有谁能保证始终如一地陪伴在你身边，没有谁能保证在你难过的时候一定会给你安慰，也没有谁能保证在你陷入低谷时能给你一双有力的手。突如其来的变化，可能会让现在拥有的一切瞬间失去，可能注定要剩下你一个人，走一段陌生的路。

但，真的不要因此就畏惧了、退缩了、绝望了、颓废了。很多时候，你比自己想象中的要坚强。只要生命还没打算放弃你，就不要轻易的先放弃生活。许多暂时的痛苦和艰难，都太容易在当时的一瞬间无限放大，甚至大过了头顶的一片天，可当你咬咬牙挺过去了，再回头看时，一切都是过眼云烟。

半年前，凌子经历了人生中的一场“浩劫”：一向奔着结婚去的感情，毫无征兆地宣告结束；事业出现了前所未有的危机；身体也在关键时刻掉了链子……身心上的疲惫和痛苦，让她顿时对生活失去了希望，觉得自己倒霉透顶。

就在那段日子，一个失去联系已久的朋友，突然从大洋彼岸给凌子打来电话，告知结婚的消息。朋友的幸福，没有加重凌子的凄凉感，反倒把她从阴霾中拉了出来。三年前，朋友被前夫骗走了房产，多半的存款也被席卷一空，可想而知，一个付出了所有热情与爱，却闹得人财两空的女人，该是怎样的绝望？周围的人都劝她打官司告状，夺回自己的一切，可她却悄无声息地离开了众人的视线，远渡重洋，之后音信全无。

之后，凌子也打听过她的消息，却都没有结果。谁想到，三年后，朋友竟会主动打来电话。听她的声音，感觉很年轻、很活泼，朋友还兴奋地告诉凌子，她即将拿到MBA学位。

凌子并未提及自己的遭遇，她只是想起，朋友在人生最黯淡的日子，一边擦着眼泪，一边握着她的手说："凌子，你知道吗？当你走到了悬崖边，只要不跳下去，不管往哪个方向走，都有生的可能。"

朋友的出现，宛若一盏明灯，在晦暗的日子里照亮了凌子的心。她知道，自己所经历的痛苦，也许是别人曾经经历过的，也许是别人未来可能要面对的。就像失恋与分娩的疼痛感一样，真正轮到你时，就看你是否有足够的勇气和信心去承担。而今，既然已经走到了这一步，怨恨谁都于事无补，真正能救赎自己的，唯有坚强。如果你不坚强，谁也帮不了你，因为再伟大的情感也不可能强大于你的内心世界。唯有自己撑起的天空，才会映出幸福的彩虹。

# 当全世界都不爱你时，也要好好爱自己

不要苛求生活中有多少人能够理解你，我们每个人都在用自己的方式寻找着自己的答案，在风雨的命运里经历，只要还能做到爱自己，就不要放弃治疗那些命运里经过的伤，做自己命运的拯救者，就是我们对生活最客观的信念。和命运同桌，不要寄望命运救你，我们要做的事情是拯救命运。

——延参法师

破碎的家庭、孤单的青春、拮据的生活，这是她对成长岁月最深的印象。

母亲患病离世那年，她只有12岁。那是个什么样的年纪？只是隐约懂得母爱的珍贵，却还未曾深谙它的意义，更不曾体悟失去它的日子会是多么悲凉。不过，现实很快就告诉了她答案，即便那还是一颗幼小而脆弱的心。

同龄的孩子回家后，有热腾腾的、爱吃的饭菜，等待她的却是冰冷的锅灶；新学期开学时，不少女孩子都换上了新装，那是母亲为她们准备的。这一切，她都没有，父亲只知抽烟酗酒，不如意的时候，还会骂她两句。背地里，她偷偷流了不知多少眼泪，也曾到无人的空地一遍遍哭喊着母亲的名字。然后回到人群中，再让自己强颜欢笑。小小年纪，她就给自己戴上了面具。

后来，有人给父亲说媒。确实，父亲不过37岁，今后的日子还长，一个人这么漂荡着终究不是事。虽有她这个女儿，可总有一天，她会长大，会离开。父亲被说动了，不久之后，家里就多了两口人，年长的是她的继母，小女孩是与她没有任何血缘关系却被告知要好好相待的“妹妹”。

街头的老人，常常在她路过之后，撇嘴说上一句：“有后妈就有后爹。”起初她不明白，可渐渐地，生活上的种种转变，教她彻底理解了所有。

以前，父亲虽然抽烟酗酒，可时不时还会给她零花钱，不曾委屈她。如今，家里多了两口人，父亲也不再掌握财政大权，所有吃的、用的、穿的，都得经过继母的点头许可。继母没对她发过脾气，说话也算客气，可就是这份“客气”，才更让她觉得不自在。至少，这种姿态，与继母对待亲生女儿的样子，截然不同。就算是买必需品，继母也会先讲述一番道理，诸如“你看，家里不富裕，我也不赚钱，能给你的就这么多”，而后寒酸地掏出一点点可怜的钱，递到她手上。一转身，她便看见，继母穿上新买的衣服，在镜子前扭来扭去，判若两人。

家，还是原来的那栋房子，屋里的陈设，也没有多大改变。可家的味道，已经变得很陌生了，陌生得让她感到害怕、感到厌倦。她无处诉说，碍于面子和自尊，她只能故作欢笑；但内心无比孤单，渴望一处港湾，给她温暖、让她栖息。

15岁，她已经对生活有了无望之感，甚至偶尔还想堕落一把，告诉父亲和继母：让我自生自灭，别再管我。幸好，那一年，姨妈从外地搬到了她所在的城市，一切悄然改变，她的命运也随之改变了。

姨妈是母亲唯一的妹妹，很早就离开家在外闯荡，有过一次失败的婚姻，无子。离婚后，一人独自在南方生活。她听家里的亲戚说过，姨妈很能干，开了两家时装店，赚了不少钱。也许，是因为没有亲人在身边，姨妈对家庭、对亲情无比地渴望。在母亲去世三年后，姨妈从南方回到了她所在的小城，跟她父亲商议，要接她到南方读书，顺便跟自己作伴。

家里日子本就不富裕，父亲虽有不舍，更多的却也是无奈。临别前，父亲对她说："经常给家里打打电话，需要用钱就跟我说。"这句话，说得没什么底气，她知道，那不过是父亲说给姨妈听的，为了一个男人和一个父亲的尊严。

姨妈待她如亲身女儿，可她始终郁郁寡欢。也许，是成长环境造就的性格使然，也许是内心深处自卑在左右着她。偶尔，在言谈中，她还会透出一股自轻自贱的态度。姨妈把这一切都看在眼里，没有责怪的意思，反倒心生爱怜。

某天夜里，她在房间里呆呆坐着，姨妈面带微笑地走了进来。她脸上的阴郁，根本不该是那个年纪的女孩所有，姨妈拿出一个包装完好的礼盒，递给她说："丫头，生日快乐。"生日？她竟然把自己的生日都忘了。自从母亲离开，便再没有人给她过过生日，哪怕是煮一碗普通的面条，聊以安慰。她问姨妈："我可以打开吗？"姨妈笑着点头。

那是一条漂亮的牛仔裤，外加一件白色上衣。顿时，她有种想哭的冲动。片刻后，她小声说了一句："姨妈，谢谢你。我以为，我这样的女孩，走到哪儿都不会有人喜欢。"姨妈摇摇头，给她讲了一个寓言故事：

一个从小生长在孤儿院的女孩，内心很自卑，看到别的孩子有父母疼爱，便觉得自己没有可爱之处，否则怎么会被父母遗弃。她把心思告诉了院长，院长没有直接回答她的问题，而是送给了她一块石头，说带她到集市上去，让她来卖这块石头，但有个条件：不是真卖，无论别人给多少钱，都不要卖。女孩似懂非懂地点点头，心想：会有人要一块石头吗？

女孩蹲在集市的某个角落，不多时就有人上来问，想买那块石头，给出的价格也是一个比一个高。女孩很开心，冲着不远处的院长笑。

第二天，院长带女孩去了黄金市场，要她在那里卖石头。结果，真的有人愿意出比昨天高10倍的价格买下这块石头。女孩牢记院长的话，没有卖。第三天，院长带女孩去了宝石市场，这一回，石头的价格又涨了10倍。女孩不肯卖，那些人更觉得此石是稀世珍宝。

女孩问院长："为什么他们愿意花钱买这块石头？"

院长说："生命的价值就跟这块石头一样，在不同的环境里就有不同的意义。一块普通的石头，因为你的珍惜，不肯随意抛售，就提升了它的价值，被人说成稀世珍宝。你和这块石头一样，只要你看重自己，不轻易否定自己的价值，那么别人也会像对待珍宝一样对待你。要记得，看重自己，你是独一无二的最珍贵的。"

听过姨妈的讲述，她觉得，自己就像是故事里的那个小女孩：过去，她一直把自己视为不起眼的石头，内心压抑了太多的情绪，就算是环境影响了自己，他人伤害了自己，可说到底，还是因为自己不够爱自己。

十几年过去了，她依然记得那个夜晚，那是她人生里学到的最重要的一课：不必在意别人是不是喜欢你，是不是公平地对待你。累了就停下来歇歇，难过了就蹲下来抱抱自己，冷了就给自己一点温暖，孤独了就为自己寻一片晴空，当全世界都不爱你的时候，也要好好爱自己。

# 低到尘埃里的女人，永远开不出花来

爱自己，什么时候都不晚！面对重要的人时，我们总是习惯性把自己看得很轻很轻。可“人性本贱”，你不把自己当回事儿，别人更不会把你当回事儿。可以在生活中弯腰，但绝不跪着生活！

——苏芩

冷傲的眼神、倔强的性格，张爱玲给人的第一感觉，是有些冷峻而跋扈的，可遇到胡兰成，她却变成了一个情窦初开的小女生，羞涩、快乐，还有些胆怯，生怕自己不经意间做错了什么，让他伤心而去。她从上海跑到温州去看他，低眉顺眼地坐在他跟前，只为了听他说上五六个小时的话……对此，她写道：“女人在爱情中生出卑微之心，一直低，低到尘土里，然后，从尘土里开出花来。”

低微而痴狂的爱恋，是张爱玲爱的姿态。而胡兰成呢？一副胜利在握的样子，在赞美她的时候也一样赞美着别的女人；与她在一起时，甚至还偷与其他女人密会……最终，在这场缠绵悱恻的对决中，张爱玲输了。她输掉不仅仅是所爱之人，还有那一颗高贵的心灵以及从从容容的姿态。爱到卑微，真的不是一件伟大的事。

真正的爱情是需要尊严与平等的，在爱情的平等宣言中，简·爱语出惊人："虽然我贫穷，虽然我不漂亮，但我的心灵跟你一样丰富，我的心胸跟你一样充实！当我们的灵魂穿过坟墓，站在上帝面前时，我们是平等的。"

就像舒婷在《致橡树》一诗中写得那样："我如果爱你，绝不像攀援的凌霄花，借你的高枝炫耀自己……我必须是你近旁的一株木棉，作为树的形象和你站在一起。根，紧握在地下；叶，相触在云里……我们分担寒潮、风雷、霹雳；我们共享雾霭、流岚、虹霓。仿佛永远分离，却又终身相依，这才是伟大的爱情。"

玛格丽特·米切尔，美国现代著名女作家，是著名小说《飘》（由小说改编的电影名《乱世佳人》）的原作者。由于母亲早逝，还念中学的玛格丽特不得不辍学操持家务，但如同《飘》中的女主人公郝思嘉一样她生来就有一种反叛的气质。

成年后凭着一时的冲动，玛格丽特嫁给了酒商厄普肖，但这段婚姻不久便以失败告终。与其说是厄普肖冷酷无情、酗酒成性的原因，不如说是玛格丽特婚姻爱情观的缺陷，她深深迷恋厄普肖，甚至是以一种仰天崇拜的姿势，这无疑助长了厄普肖的狂放不羁，对玛格丽特越来越不在乎。

这场婚姻的不幸，让玛格丽特明白了女人在婚姻中的平等性。她很快便重新振作，后来嫁给了记者约翰·马什。玛格丽特打破当时的惯例，在门牌上写下了两个人的名字，她说："我要告诉所有人，里面住着的是两个主人，他们是完全平等的。"更让守旧的亚特兰大社交界惊讶的是，她不从夫姓。

好在约翰·马什也提倡夫妻之间的平等，马什一直支持和深爱玛格丽特，也正是在他的鼓励和支持下，玛格丽特开始默默从事她所喜欢的写作，十年后《飘》正式出版，她一夜成名。

在爱情里，同样不卑微的还有《傲慢与偏见》里的简和伊丽莎白。

班纳特家的大女儿简，虽未生在商家贵族，却从不卑微。从接到宾利妹妹的信，到去伦敦为了“巧遇”宾利却无果而归，再到宾利上门问候却没有任何表示，她燃起的希望一次次地被熄灭。可是，无论内心多么煎熬，她看起来仍然波澜不惊。直到宾利鼓足勇气扔掉所有的客套与礼貌，大声表达他的愧疚与歉意时，她才露出了笑容与感动。在一个贵族男子面前，她没有自卑，不哭不闹、端庄温柔，坚守着“无论你是谁，我还是我”的淡定，着实令人敬畏。这一点，她跟简·爱有雷同之处，不同的是，她的气质里更多的是淡雅。

班纳特家的二女儿伊丽莎白，个性迷人。在那个只能靠嫁个有钱男人改变自我价值的年代，她坚守着自己的爱情观，不因出身平平而趋附权贵，也不用金钱衡量爱情，在傲慢的达西面前，她没有丝毫地自卑与怯懦。

她们爱得很安静，却从不卑微；纵然无望，也会走得很干脆，但那不是绝望。她们深知，只有把自己当成珍宝，幸福才会眷顾你。爱得软弱而卑微的女子，在感情里是一副讨好的姿态。可惜，这样的姿态，只能换来冷淡和忽视。甚至你爱得越是卑微，越会加速他离开你的步伐。

若你还不懂得在感情中保持怎样的姿态，以哪一种方式去爱，那么杨澜在博客中写过的这番话，或许可以作为心灵的引导：

“婚姻需要爱情之外的另一种纽带，最强韧的一种不是孩子，不是金钱，而是关于精神的共同成长，那是一种伙伴的关系。在最无助和软弱的时候、在最沮丧和落魄的时候，有他（她）托起你的下巴，扳直你的脊梁，命令你坚强，并陪伴你左右，共同承受命运。那时候，你们之间的感情除了爱，还有肝胆相照的义气、不离不弃的默契以及铭心刻骨的恩情。”

# 年龄不代表一切，学会为自己而活

做人要有自己的想法，要有自己的姿态，以自己最喜欢、最舒服、最快乐的方式过一生。人生很短暂。你的人生从来不属于你的父母、爱人、孩子，你的人生只属于你自己。为自己而活，勇敢的去寻求你想要的人生，就是爱你自己的最好证明。做自己的女人最美。

——凭海菱风

珊29岁了，依然是单身。眼见着周围的姑娘们恋爱、结婚、生子，她却不慌不忙地宣布了一个大胆的决定：出国留学。消息一传出，家人朋友都觉得，她真的是“疯了”，根本就是一个在过气的年纪还做着青春期少女该做的事。

想想也对，按照常人的思维，30岁的年纪，是该踏实稳重、谨慎行事了。留学，时间成本要考虑、高额学费要准备、稳定的月薪要放弃，为各种考试熬心费力、舍弃熟悉的环境，适应生活上的巨大变化……真想象不出，一个女人需要多大的勇气，才敢做出这样的决定。

面对异议，珊很平静。在咖啡厅里，她淡淡地对闺蜜说：“我对眼下的生活不满意，也不甘心就这么放弃梦想。20岁时，我有这样的勇气，可是现实条件不允许，我只能默默等待。现在，我知道，我已经不再年轻，可也正因为30岁了，我比年轻时更理智，更知道自己在做什么。你问我未来会怎样，我不敢说，但我敢说，如果没有努力地活过，我这辈子都会后悔。”

终于，带着无憾的初衷，珊漂洋过海了。在她离开的背影之后，闪烁着一双双迥然不同的目光，有人不屑，有人不舍，有人羡慕，有人敬畏。可不管怎样，那终究是珊自己的人生，她有选择的权利。更何况，人生没有太早和太晚，想要去做的事，随时都可以开始，年龄不是束缚，也没有谁规定，一定要在什么样的年纪做什么样的事情。

日本著名作家黑柳彻子，撰写过畅销书《窗外的小豆豆》，做过电视节目主持人，还担任过联合国儿童基金会亲善大使。有人说，她继承了母亲黑柳朝的优良基因，因为黑柳朝也是一位畅销书作家。可这都是猜测而已，要知道，黑柳朝开始写作的时候，已经72岁了。

黑柳朝从东洋音乐学院毕业后，就与小提琴家黑柳守纲结婚了，之后她全心全意地做起了家庭主妇，并生育了五个孩子。她把一生最美好的时光都放在了家庭和孩子身上，日子平淡无奇，倒也算心安。

然而，生活就像天气，你永远不知道何时会有一场暴风雨。黑柳朝72岁那年，和她相依相伴了53年的丈夫，突然离他而去了。这些年来，她的身份就只是一个普通的主妇，没有储蓄、没有养老金，丈夫的骤然离世，意味着她剩余的人生要彻底颠覆了。

幸好，黑柳朝没那么悲观。她从来没有哀怨过：“今后的我该怎么生活？要投靠哪一个孩子？”对她而言，过去的岁月都已经定格，真正属于她自己的人生，才刚刚开始。她要在72岁的年纪，走上社会开始工作，靠自己的努力度过以后的日子。

因为女儿是作家，于是有出版社约黑柳朝试着写两本书。写书？黑柳朝从来没有拿笔写过文章，如何下笔呢？最初的那段日子，她确实犹豫，不自信的她时常扪心自问：“我能写书吗？试试看吧！就当练笔了。”她先是给杂志写连载文章，题材就是自己的成长经历，这是她最熟悉、最深有体会的。之后，就有了《阿朝来了》这本书。

黑柳朝没想到的是，竟有那么多读者喜欢她写的东西，且这本书很快就上了畅销榜，而她也从一个年迈的、普通的家庭主妇，一跃成了名人，还被邀请到美国和加拿大巡回演讲。再然后，《阿朝来了》被搬上了电视荧幕。

72岁，迟暮之年，黑柳朝的人生在此掀开了全新的一页。

年轻的时候，她也曾经有过这样的烦恼：刚从校门出来就结婚，终日被家庭琐事缠绕，根本没有机会在社会里找寻自己的价值。可是，木已成舟，在家庭与自我难以两全的情况下，她选择了做一个好妻子、好母亲。这一过，就是漫长的50多年。

50多年，无论是生活还是心理，不少人都会在时间的积累下，被固有的生活“体制化”，太多的昨天造就了某种心理习惯和依赖，纵然还有明天，也没了追寻的勇气。在这一点上，黑柳朝是个特例。丈夫离开后，她内心的伤痛犹存，可对生活的热情未减。她决定，告别过去的家庭主妇生活，追寻自己几十年来从未有机会追随的梦想。

在她80岁的时候，她想起了自己读小学三年级时的一个梦想：到国外生活。说做就做，她去了美国旧金山一个叫作桑卡露斯的小镇，过起了童年时梦寐以求的生活：高大的树木上垂着累累果实，院子里鲜花怒放。她在花园里给草地浇浇水，看看花里面有没有虫子……

此时的她，还成了日本《主妇与生活》杂志社的海外特派记者，时常被邀请到各地演讲，并撰写了另一本畅销书《小豆豆与我》。

其实，我们脑海中固封住脚步的“年龄”、“阅历”、“金钱”、“时间”、“条件”等，其实都不足以成为理由。真正剥夺了我们享受生活、追寻明天权利的，是那颗担忧生活已经结束的心。其实，你想要的生活，真正属于你的生活，就在你自以为是结局的地方等着你，那不是终点，只是一个转折处而已。但愿你真的懂了：无论什么时候，人生都没有止境。

# 除了爱情，还有许多值得珍惜的

亲爱的自己，不要抓住回忆不放，断了线的风筝，只能让它飞，放过它，更是放过自己；亲爱的自己，你必须找到除了爱情之外，能够使你用双脚坚强站在大地上的东西；亲爱的自己，你要自信甚至是自恋一点，时刻提醒自己我值得拥有最好的一切。

——《一封写给自己的信》

她纵身一跃，酝酿了21年正在盛放的生命之花瞬间凋谢了。

她走了，全然不顾，粉碎了自己，也粉碎了父母亲的希望和期冀。她忘了，呵护她成长的父母这些年付出了多少辛苦；她忘了，成年儿女该担负起的对家庭、对自我的责任；她也忘了，未来还有无限的可能等她去创造。她所记得的，不过是一段破碎的感情，一个无法继续留守在身边的男生。

爱情是一篇华美的乐章，为情而舞，为情而困，亦是多少年轻女孩的常态。可爱情不只是人生中唯一的乐章，暂且不说亲情、友情，单单是生命这两个沉重的字眼，它就无法与之相提并论。活着，本身就是一种幸运，没有什么东西值得让你轻易放弃生命。

现实是残酷的，我们遗憾，我们惋惜，很多痴情的女子面对已经留不住的爱情或婚姻，试图用生命来威胁男人回心转意，而当男人对此表示并不在意时，女人便决定要让男人终身后悔。于是，惨剧就这样发生了。

殊不知，对于过往的伤害念念不忘，并非好事。那些爱你的人，会因为你的离开，痛彻心扉；而那些不爱你的人，既然已经决定放手，那么你的离开至多不过是其人生的插曲。甚至还有人会把你的永远离开当成解脱，你昂贵的生命对他们而言，只不过是最菲薄的馈赠。

距离上一次争吵，已经足足半个月了。这期间，她没有见过他，心里却一直惦念着，想知道他好不好。她很爱他，虽然平日里喜欢发点小脾气，可她心里觉着，他是爱她的。架不住思念的煎熬，她决定到他的单位找他。

路上，想着半月前争吵的画面，她有气愤，也有懊悔。她不是无理取闹，自己辛辛苦苦支撑起来的店铺，他背着自己盘给了别人。她被愤怒冲昏了头，当着外人质问他为什么要这样做。他一脸尴尬，故意说狠话撑面子，她就跟他吵了起来。看到她歇斯底里的样子，最后，他轻轻地说了一句："回家吧，别丢人现眼了。"

就是这句话，像刀子一样捅进了她的心。她想不明白，她辛苦经营店铺，不就是为了让家里过得更好吗？他到底有什么理由和资格，背着自己就把店铺盘给别人？越想越生气，最后干脆回了娘家。

如果以前，他应该不出三天就会去接她，给她道歉，劝她回去。可不知怎的，这次半个月过去了，他都没有来。她不放心，趁他上班的时候偷偷回了家，家还是当初自己走时候的样子，并不凌乱。她猜测，这些天他应该是住在单位里了。

到了单位宿舍，敲门。令她惊讶的是，开门的居然是一个女人。她用挑衅的目光看着那个女人，而宿舍床上躺着的正是她朝思暮想、放心不下的他。他知道她来了，却动也没动，看都没看。她控制不住情绪了，像发疯一样，一把揪住那个女人和她撕扯在一起，嘴里念叨着："都是你撺合的，你做点什么不好，偏偏破坏别人的家庭……"这时，他走了过来，一巴掌打在她的脸上，让她"滚"。

她的心，彻底被这一巴掌打碎了。她知道，他变了，已经不属于她了。可她不甘心啊，这么多年的青春、这么多年的心血，难道就付诸东流了？她大声地嚷嚷着：“你如果不跟我走，我就死给你看。”

“要死就死远点，别让我看见。”门里传出他狠而绝情的声音。

她回到家，打开农药的瓶子……等他接到噩耗赶回家时，看到的是已盖上了白布的她和一张字条：就算我死了，也不想让你看见。

为了赌气、为了报复、为了让他回心转意，而选择轻生，实在可叹可悲。如果爱真的不在了，那就离开吧！这个世界上，除了爱情，还有许多值得留恋的东西，又何必用如此极端的方式伤害自己和爱自己的人呢?

不要因为自己还未经历过生死，就把生视之为理所当然；也不要因为在爱情中受了一点伤，就用结束生命的方式来逃避或“报复”。要知道，这个世界其实并不“安全”，它充满了变数，能够活着本身就是一种幸福，不管发生什么，你都没有理由肆意挥霍上苍的这份恩宠。

女作家三毛在撒哈拉沙漠举行婚礼时，丈夫荷西送给她从沙漠中拣来的一副骆驼骷髅，那一刻她欣喜若狂。他们曾经就走在死亡的边缘，面临过即将失去生命的惊恐，所以他们懂得珍爱……海明威在经历了飞机失事，死里逃生后，当他读到关于自己的讣告时，他说：“一个人有生就有死，但只要你活着，就要以最好的方式活下去。”

人生本来就不易，生命本来就不长，不必将逝去的爱化作绳索，来束缚自己、作践自己。世间万事总有它的因由和无奈，浅笑安然，不管经历着什么、承受着什么，请好好爱自己、爱生活、爱生命。

## 甩掉心底的自卑，你有自己的美

学着主宰自己的生活。即使孑然一身，也不算一个太坏的局面。不自怜、不自卑、不怨叹，一日一日来，一步一步走，那份柳暗花明的喜乐和必然的抵达，在于我们自己的修持。

——三毛

墙壁是温馨的粉色，房间里摆着些许小玩意儿，置身其中，很容易让人感到轻松和愉悦。此刻，就连一直抗拒心理咨询师的她，也喜欢上了这里。再看那位心理医生，带着一副银丝眼镜，表情平和、语气亲切，给人一种信赖感，就像久违的老友。

她终于敞开了心扉，说出压抑在内心里的秘密："我很自卑，却从来没有向别人说过。和周围人相处时，我的压力很大，总觉得别人都比我优秀、比我漂亮、比我有才华。我一直在想，到底怎么做，才能让自己感到满意？"

心理医生很平静，从身边的桌子上端起一只茶杯，递给了她，问道："你看看，这只茶杯和其他的茶杯有什么不一样？"

她拿在手里看了一眼，又望了望其他的杯子，说："这茶杯有缺口。"

“可是，除了那一点点缺口，整个杯口不都是圆的吗？我们每个人都有缺陷，就如同茶杯上的缺口，如果能用一颗平常心接纳自己的缺点，不苛求自己、不勉强自己，也就不会纠结了。”心理医生看着她，缓缓地说道。

“其实，这些我都懂。我也尝试过接纳自己，可只要一站在别人跟前，我所有的自信就都没了，只想躲起来，冲自己发脾气。让我喜欢上臃肿的身材、粗糙的皮肤，我做不到。”她坦白了自己的感受。

心理医生说：“我认识一位女雕刻师，人长得非常漂亮，也很有才华。她坐在那里雕刻东西的样子，专注而优雅，连我看了也会觉得她很迷人。不过，她每次一站起来，都会让身边不熟悉她的人震惊：她的腿有残疾。曾经有人对她说：‘如果不是你的腿有残疾，你应该比现在更优秀。’她不生气，也不感慨，回道：‘或许，你说的有道理吧！可我没觉得有什么遗憾。如果不是腿有残疾，我可能会花更多的时间出去逛街、看电影，就不可能专心学习雕刻了。所以，我感谢上天给了我一个残缺不全的身体。”

她听得入神，却不知道该说什么。心理医生开导她：“接纳身上的缺陷，不是让你强硬地去弥补它，而是透过这份缺陷，看到人生的另一面。”

走出心理咨询室，望着外面的景物，她心里顿感轻松不少。河边的杨柳，没有挺拔的身姿，却有阿娜多姿、随风摇摆的柔美；远处的青松，没有花开的季节，却有傲然挺立的气质；还有那白杨，没有美丽的叶子，却有着参天的伟岸。

她突然想起一句话：生命正因有了裂缝，阳光才能照进来。你若是玫瑰，就绽放浪漫与火热；你若是莲花，就散发清香与优雅。不要去计较身上的刺，也不要嫌弃脚下那片淤泥，只要记得：你有自己的美，便能感受到上帝的恩宠。

美国的尼娜·加西亚在《我的风格小黑皮书》中这样写道：“一个漂亮女人走进房间，我也许会抬头端详她一会儿，但我很快就收回目光，重新把注意力放在主菜、谈话或者甜点菜单上。说老实话：美貌不是那么吸引人。可是，如果是一个自信的女人走进房间，那效果就完全不一样了，她让人着迷。我的目光会尾随着她，看她怎么从容地、款款地一路从我身边经过。她也许不是我见过的最美艳动人的女人，但是她的一举手一投足那么自然大方，她成了最让人痴迷的女人。”

自信，是女人对自己最深厚的爱。没有天姿国色，不曾闭月羞花，只是芸芸众生中的平凡女子，可只要心中有一份对自我的欣赏和肯定，就如同戴上了光环。就像女作家毕淑敏说得那样：“我不美丽，但我拥有自信，这足够了。”

在《阮玲玉》里，张曼玉的身姿与30年代的衣香鬓影重叠，从此成了复古风的翘楚；在《滚滚红尘》里，她那一派轻狂娇痴，开启了快乐新美人的先河。二十几年的表演经历，就是她的成长日记，年轻时的青涩稚气，现在的成熟自信，保留着东方女子特有的含蓄，又折射出西方式的激情，创造了40岁女人不老的传说。她的美，是时光雕刻出来的。

她曾意味深长地说：“女人自信的时候是最美的，我也是很晚才找到的。找到之后，你会觉得，有什么好怕的呢？怕也一样要面对，不怕也要面对，而怕的时候你的样子会很紧张，一点都不美丽。”

但愿，在时光的雕琢中，你也能够成为这样的女人：甩掉心底的自卑，用自信打破美丽只属于青春的神话、用自信赢得不朽的年华。

# 曾经的失去只为得到更好的

未曾失恋的人，不懂爱情。未曾失意的人，不懂人生。未曾失落的人，不懂珍惜。未曾失和的人，不懂友谊。曾经失去，才会有更好的得到。

——佚名

光线昏暗的咖啡馆里，她缓缓讲起了自己的往事——

高考那年，我落榜了。努力了三年，辛苦了上千个日夜，看着别人走进那所我心爱的医科大，自己却被挡在门外，我承认，那个夏天，我自诩强大的意志轰然倒塌了。也许是因为年少无知，我把一切责任归咎于命运，觉得它待我不公。毕竟，我始终坚信着一点，付出就会有好结果，却怎么也没想到，现实狠狠地耍了我一把。

哭了整整一个夏天后，我退而求其次，拖着大大的行李，去了一所普通大学，弃医从文了。父母以为，我之所以哭，只是因为没考上理想的大学，心有不甘。其实，那并非全部的因由，有一个秘密我从未告诉过任何人：我深深喜欢着的那个男孩，他考上了医科大。

那个男孩，有明亮的眼睛、洁白的牙齿、孩童般的笑容。直到现在，我都还记得他的笑容。在各奔前程之前的最后一次聚会上，我对着他一直哭，完全不顾及形象，也不需要掩饰。其实，我知道，他只当我是同学、朋友；我也突然明白，无论跟他同校，还是相隔甚远，我们之间都隔着万水千山，就像岛屿与岛屿，只能遥望。

那一场哭泣，是我对懵懂爱情所做的一次诀别和祭奠。

如果说，一生中有一段最难忘的恋情，那么或许就是他了。尽管之后，我再没有见过他。但我听说，他和高中时的另一个女生恋爱了，那个女生，一直是他心仪的人。还能说什么呢？学业上不如意，感情上输得彻底，对一个仅仅18岁的女孩来说，那简直是天塌地陷。

走进陌生的校园，我变得安静而沉默。许多话，我不知该如何倾诉，也不知该向谁倾诉。我觉得，自己像是一个被世界遗弃的孩子，所有我喜欢的，我想要的，统统离我而去。

这样的日子，浑浑噩噩地过了两年。文学院的课程不那么辛苦，我每天唯一的嗜好就是抱着一本又一本的书，躲在安静的角落里独享，把所有的心情写成一段一段文字。

偶然的一天，我在图书馆里遇到了恺。他坐在我旁边，无意间瞥见了我写的文字，给我留了一张便条：很喜欢你的文字，愿不愿意尝试写点东西发表？下面是他的名字，电话，QQ号码。

坦白地说，我有点受宠若惊，唐突地给一个陌生人打电话，想起来就让我紧张，但后来还是习惯性地加了他的QQ。我才知道，他是文学社的社长，还是校学生会副主席。我把以往写过的几篇自认为还算过得去的文章发给他，没想到，数日后竟然被刊登在校报上。那种感觉，怪怪的，却也给我带来了丝丝的快乐。那是我进入大学后，第一次发自内心的喜悦。

之后，我在学校的咖啡厅跟恺见了面。他和我想象得不太一样，我总以为，他该是一个书生气很浓的人，可实际上，他长得那么阳光，笑起来的时候脸上还带着一对浅浅的酒窝。那笑容，似曾相识，就像我脑海里的那个影子。巧合的是，我们相视而坐的时候，咖啡厅里传出的正是阿黛尔的*someone like you*，我突然觉得，心里得到了一种莫大的安慰。

恺建议我写一些短篇的散文和小说，说他哥哥在杂志社工作，长期需要此类的稿件，若写得好，将来可以尝试做专栏。本来，写写字只是我无聊时的消遣，没想到还有机会开辟出另一番天地。那个下午，我们天南地北地聊着，在他面前，我的语言神经一点儿都不迟缓，竟也能够滔滔不绝。原来，这个世界上，没有生来孤独的人，只是没有遇到合适的伴。

大学的后两年，恺帮了我不少忙，从学业到创作，再到精神引导，他都像一个优秀的心灵导师，小心翼翼地牵引着我慢慢前行，逃离过去那个封闭的世界。那场青春时代痛彻心扉的伤离别，已经化作成长岁月里的背景音乐和装饰物，永远地静止了。

一切都那么顺理成章，自然而然，毕业后，恺成了我生命中的另一半。我们一起创业，开设了一家小型的广告公司，恺负责联系业务，我负责创意、文案，有艰辛，亦有幸福。业余时间，我依然会写专栏。

几年之后，我们的小公司已经有了一定规模，我和恺也在一场花园婚礼中，完成了人生中的一项重要使命。婚礼上，在宣读爱情誓言时，我激动得热泪盈眶。曾经，我错过了那么多，与理想失之交臂，与喜欢的人分道扬镳，我怨恨上天没有给我想要的，以为是我不够好，不配拥有那一切，可是一路走来，我终于明白：上帝让你遇到对的人之前，总会安排一些错的给你，这样才会让你在遇到对的人时心怀感激，而那些美丽的错过，只因你值得拥有更好的。

人生里，许多深深浅浅的伤害，不过是为了帮助我们开出一张清单，清算所有的人和事的排名和价值。不管从前错过了什么，失去了什么，别对自己失望、别对生活失望。微笑着向前走吧，因为你永远不知道，在哪个转角处，会有什么人爱上你的笑容，会有什么幸运的事降临在你身上。

# 不要轻易触碰伤口，以免弄疼了自己

不要把自己的伤口揭开给别人看，这世界上多的不是医师，多的只是那撒盐的人。

——《金言良语》

好的爱情，可以滋养一个女人；坏的爱情，可以毁掉一个女人。

她是家里最小的女儿，上面有两个哥哥，父母对她格外宠爱。高中毕业后，她选择了一所离家很近的大学，为的只是留在父母眼皮子底下，一切有个照应。刚入大学不久，情窦初开的她便结识了一个男孩，很用心地跟他谈了一场长达四年的恋爱。男孩是外地考入本市的，为了让他留在这里，她恳求父母托关系帮他找工作。终于，所有的事情尘埃落定后，他却提出了分手。那时，她才知道，其实他心里早就有了别人。

时隔两年，她再次恋爱，对方是一个成熟稳重的男人。和他一起，她感到踏实，每次她不开心，他都想尽办法逗她笑，帮她梳理情绪。两个人的家庭背景和条件，也算门当户对，恋爱到第三年的时候，家里人已经开始催促他们结婚。可她没想到，就在这个时候，他竟然提出分开，与几年前的情况一样，他移情别恋了。

两次失败的感情经历，彻底摧毁了她的希望。后来，在家人的撮合下，她跟一个看起来老实厚道的男人结了婚，可谁会想到呢？一个看起来十分腼腆、就连说话都会脸红的男人，竟然在婚后跟她的朋友好上了。两个人来往频繁、关系密切。她不堪受辱，离婚了。

失败的女人，是她给自己贴上的标签。她不再相信爱情，也不再相信自己，整个人变得神经质了。每次见到朋友，都会絮絮叨叨地说着自己难过的往事。其实，她不过想寻求一点安慰，可越是倾诉，越觉得空虚；更让她难过的事，有些人给的不是安慰，是炫耀。

那是一个在她心中颇具分量的朋友。她以为，她所说的一切，朋友会懂，会抚慰她的情绪，可她说出的话，却像一把锋利的刀子，比那些往事更叫她疼痛。言辞之间，仿佛是在指责她，为何轻信男人？除此之外，还炫耀着依然单身、等待真爱的美好，述说着未来对婚姻的期待，对比她现在的难堪处境……

生活中就是那样的一些人，会把你的痛苦当成故事来听，心中并无丝毫的怜悯，甚至言语间还透着一股幸灾乐祸。那时你会感觉，自己的倾诉就像是在揭自己的伤口，让痛苦加倍。听着朋友的滔滔不绝，她当时真想狠狠地抽自己一个耳光，抽自己“自取其辱”。

后来，她无意间读到了伏尔泰的一篇短文：“有些故事，不一定要讲给所有人听，也不是所有人都值得你倾诉。有些悲伤，不一定谁都会懂，你揭开的是伤口，别人看的却是热闹。有些心情，埋在地表下腐烂就好了，实在不必惊天动地。有些伤口，时间久了就会慢慢长好，不需谁来安慰。”

她终于明白，生活如鱼饮水，冷暖自知。有些悲痛是他人安慰不了的，只能自行了断。不要总想着向外寻求安慰，也不必让所有人都了解你那么透彻，自己的委屈，自己的悲伤，找个特别的方式宣泄出来，然后再让内心渐渐强大。

后来，她学会了做自己的“救世主”。

心郁难解、萎靡不振的时候，她独自一个人跑到KTV里唱歌。从悲伤的苦情歌开始，一边唱一边掉眼泪，哭着哭着就累了，也不想再哭了。宣泄了悲伤，再给自己寻回力量，唱那些震撼人心的歌，甚至是童谣，唱着唱着，突然觉得“没什么大不了”，收拾好心情，昂首阔步地重新开始。

遇到难以启齿的事情时，她会一个人对着电脑屏幕敲打键盘，就像是在自言自语。写好之后，发表在一个私密的博客里，那里没有熟悉的朋友，偶尔会有懂的网友，写上一两句或长篇的留言评论，那些不懂的人，也无须对他们解释什么。有时，写着写着她会流泪，可时隔半月，再回过头看，当初的心情，也不免觉得有些可爱。“当初”以为天塌了，再回首却觉得，那都不叫事儿，人生就是不断地经历，不断地成长。

想宠爱自己一把的时候，她会跑到咖啡屋里“烧饭”。所谓“烧饭”，就是去喝咖啡的地方吃饭，想要浪漫点儿，来一份牛排，再点一杯饮料咖啡之类的，一两百就没了。所以，她才说自己是“烧饭”。别人不理解她的做法，可她有自己的理由：我就是想犒劳犒劳自己。吃饱喝足，到商场买两件喜欢的衣服，看着自己美丽的样子，自信满满。

爱自己、懂生活、锻造一颗强大而丰富的内心、向内寻求平静，而不是苦苦乞求别人给予安慰。这样的生活，让她变得比从前独立了、坚强了。至于过去的那些伤疤，偶尔想起，还会隐隐作痛，但她看开了，已经把那些当成了一种体验和教训，而不会随便揭开给别人看。因为她知道，这个世上没有救世主，强大的内心才是上帝。

# 在寂寞的岁月里盛开，一个人又何妨

一个人的世界，很安静，安静得可以听到自己的呼吸声和心跳声。冷了，给自己加件外套；饿了，给自己买个面包；病了，给自己一份坚强；失败了，给自己一个目标；跌倒了，在伤痛中爬起并给自己一个宽容的微笑。

——席慕容

张爱玲说："夜那么长，足够我把每一盏灯都点亮，守在门旁，换上我最美丽的衣裳。"细细品味，字里行间都透着一股寂寞的味道，可在寂寞之余，却又不失美丽。

在华丽炫彩的生活舞台上，几乎每个人都曾渴望自己成为最光鲜亮丽的焦点，在簇拥的热情中绽放最美的光华。鲜少有人愿意独自忍受寂寞无助，在不起眼的角落里默默耕耘，做一株无名的小草。说来，也不是畏惧那份艰辛，只是耐不住那份平淡的寂寞。周围世界歌舞升平，自己的世界冷冷清清，这样的孤寂和落寞，往往会击溃女人那颗脆弱的心。

可是，有人说过：人生就是一场一个人的旅行。父母无法陪伴你一生，孩子会有属于他自己的生活，就连亲密的爱人，也可能会在生命暮年，先一步离开。有谁，能够时时刻刻陪在你身边？总得有那么一段岁月，那么一些时光，注定要一个人寂寞地走过。

历史昆剧《班昭》中有这样几句唱词：“最难耐的是寂寞，最难抛的是荣华，从来学问欺富贵，真文章在孤灯下。”区区20几个字，道尽了《班昭》中最美妙的精髓，留给女人一道深刻的人生命题：寂寞是美丽的。那些破茧成蝶、翩翩起舞的女人，无疑都在黑暗而厚重的茧中忍受过寂寞和痛苦，正是那份痛，才磨砺出了一双美丽的翅膀，在未来的某一天，褪去从前种种，开启别样的人生。

出身名门、才华横溢，她几乎拥有着令旁人羡慕的一切。更为出众的是，从16岁开始，她就凸显出了文学天赋，开始尝试动笔写作。之后，她做过编辑，在电视台做过编剧，还曾到英国学习了几年。这样一个集家世、美丽、才学为一身的女子，本可以选择诸多体面的工作，可她却偏偏选中了一个在当时最不被人看好的、难登大雅之堂的职业：言情小说作家。

可想而知，周围全是反对的声音，鄙夷的目光，她当时的情境有多么难堪？她承认，自己当时的内心有无助，有寂寞。不被人理解和接纳，一度让她感到彷徨和痛苦。然而，在无尽的心灵寂寞中，她还是选择了坚持，坚持自己喜欢的事。

当时，香港《明报》每期都有她的专栏，她的小说销量可观，多部作品都被一版再版。这些年来，她孜孜不倦地抒写自己挚爱的言情小说。一坚持就是50年，直到现在，她依然没有封笔之意。

曾经，有人问她：“当别人说你的小说不入流，不认可你的时候，你心里寂寞吗？你是否害怕过这样的寂寞？你的哥哥们都是文化界的名流，只有你从事着不被认可的工作，你心里会觉得寂寞吗？”

她淡淡地回答：“正因为寂寞，我才有了继续坚持下去的理由；如果少了这份寂寞，我又怎么可能心无旁骛、踏踏实实地写书呢？寂寞不可怕，只要在寂寞中不为所动的一直做下去，就会有好的结果。”

这个冷静而在寂寞岁月里盛开的女人，就是著名的女作家亦舒。

物欲横流的时代里，充斥着太多难以抗拒的诱惑，耐不住寂寞，往往就会在灯红酒绿的倒影中迷失自己；耐不住寂寞，就很难始终如一地坚守自己的选择。谁都知道，寂寞的路途是孤单的，鲜少有人理解和支持，甚至会有一种被隔离的疏远感，可是，也正因为有了孤独的磨炼，历经风雨的洗礼后，才能看见彩虹。

一位女白领说："在别人眼里，我是个孤独的人，朋友不多，很少参加聚会。其实，我并不觉得孤独，很多时候，我宁愿一个人在房间里听听喜欢的音乐，看一场喜欢的电影，或读读自己喜欢的书。别人害怕的寂寞，是我心中难得的享受。事实上，寂寞本身不可怕，也不是说，一个人的日子就很可怜，最可怜的，是内心的焦躁和不安。"

确实，有人说，寂寞像一杯咖啡，苦涩的味道令人难以下咽，可当你懂得品味生活的苦后，也许就能从中尝到一丝醇香。别抗拒寂寞的时光，当你经历过生活的种种波折，有过刻骨铭心的情感历程后，你会明白，苦才是人生的真谛。在一个人的日子里，从容地过滤孤独，你所感到的便不只是迷茫和困惑，还有一份宁静与祥和。

生活本身就是经历，人生也是处处有磨难，你不可能在每一个路口都选择停下脚步，懦弱地停留在原地。勇敢一点吧！因为，受挫一次，对生活的理解便加深一层；失误一次，对事情的把握便增添一阶；痛苦一次，对人生的体悟便成熟一级。

# 辑四

## 治愈玻璃心的不是安慰，是磨难与成长

## 你是公主，也可能遭遇“历险记”

没有谁的人生会一帆风顺，成长的过程总会磕磕碰碰。一路走过，我们可以痛、可以悲伤、可以大哭。但别沉溺悲伤太久，别纵容眼泪哭伤了双目。记得，一定要站起来，更坚强地面对人生。因为生活仍在继续，生命还未终结，只有内心强大的人才能更好地保护你想要保护的人。

——晏小婷

几乎每个女人的心底都曾藏着一个公主梦：幻想着有一天，可以化身为童话里的公主，拥有雪白的纱裙、白皙的皮肤、漂亮的容颜、高贵的出身、万千的宠爱、帅气的王子……生活华丽而多彩，结局幸福而温馨，多么令人期待!

可是，幻想之余，多少女人都忘记了，纵然是公主，也可能会遭遇“历险记”：白雪公主有一个嫉妒心极强的继母、贝尔公主曾经被野兽俘虏、豌豆公主遭遇过“掉包”的命运……谁的人生都不会是完美的，故事里的人如此，现实中的人更如此。

多年来，她一直被父母宠爱着、呵护着。

父亲经营一家建筑公司，母亲美丽而贤惠。20几岁的年纪，她还会因为喜欢某一件东西而在父亲眼前撒娇耍赖，还会像小孩子一样追在母亲身后问晚饭吃什么。生活究竟是怎么一回事，她从未细细思量过，仿佛这不该是她考虑的问题，她需要的，只是在疲惫的时候，拥着玩偶舒舒服服地睡上一觉，等待睁开眼时的柳暗花明。

多少人明里暗里羡慕过她：上好的家境，不愁吃穿；宽敞的房子，不用奔波，不用挤出租屋；父母足够的资本，为她支撑起一个曼妙的青春。置身于同龄的女孩中，她真像一个公主，有人为她着想一切，她只要开心地生活便是。

然而，人生不是一滩死水，静而不动。谁也没想到，不过三四年的光景，她的家就变了样。曾经的富丽堂皇，成了一种虚设，父亲依旧在外奔忙，却是为了还清欠下的大量债务。尽管一家人还住在宽敞的大房子里，但日子却不再那么欣慰。追债的电话不时响起，追债的人随时都可能登门造访，从未经历过世事的她，像一只受惊的小兔子。后来，他们不得不搬了家，只为躲避那些追债的人。

家里的欢笑声少了，吃饭的时候，也都是闷头不语。偶然的一天，她瞥见父亲的发丝已经开始泛白，这是她之前从未见过的。在她心里，父亲虽临近50岁，却生得很年轻，就连同龄的女生都调侃着说："你老爸真有魅力呀！"父亲是她的骄傲、是她的依靠，可是，怎的才数月之间，父亲就苍老了这么多呢？

转眼，她也要大学毕业了。周围的朋友都开始四处奔波找工作，她和家人却还沉浸在四处躲债、居无定所的窘境里。习惯了被呵护、被宠爱的她，一时间无法接受家庭状况的变化，更别提走出家门找工作了。她就窝在家里，闷声不响，跟往日里的叽叽喳喳相比，判若两人。

其实，她很迷茫、很无助、很沮丧，还带着一点点的自卑与愧疚。她不知道，在这个时候能够为家里、为父母做点什么，这些年来，她除了年龄在增长，心理上依然像个孩子，只想着依赖。可如今，还能依赖谁呢？她分明看到，父母也陷入了人生的困境。她多想，有足够的力量拉他们一把，就像多年来他们一直是自己的避风港那般。

可能是着急过度，母亲一下子病倒了。房间不再那么整洁了，厨房里也是冰冷的锅灶，她急得像热锅上的蚂蚁，却不知所措。打电话给闺蜜，带着哭腔诉说自己的难过，闺蜜安慰道：“你已经不是小女孩了，要勇敢一点儿，和父母一起撑起这个家。许多事情，谁都不是生来就会的，重要的是，你愿意去尝试、去学习。”

看着卧室里一病不起的母亲，她开始学着做饭，起初弄得手忙脚乱，把厨房折腾得一塌糊涂。渐渐地，可以做点简单的家常菜，再后来也学会了蒸煮炖一些食材。她找出自己没怎么用过的昂贵皮包和衣物在网上出售，把换来的钱攒起来，尽量不再伸手向父母要钱。

总耗在家里不是办法，她也像绝大多数同龄人一样，在网上投简历，去面试。外面的世界没有她想象得那么美好和宽容，不是所有人都对她笑脸相迎，对一个初出茅庐的女大学生来说，被拒绝是家常便饭。记得第一次被面试官直接否定时，她走出那家公司就哭了，在电梯间的镜子里，她望见了一个懦弱、胆小的自己。

路再难走，还是要走下去。现实用“拒绝”给她上了最为生动的一堂课，让她明白，自己只是父母眼中的公主，走出家门，没有人会给她公主般的待遇，她只有让自己变得坚强，才能迎接未来的风风雨雨。

几个月后，她如愿进入一家公司，成了一名普通职员。职位不起眼、薪资不丰厚，却是她凭借自己能力找到的位置，对她而言，这是一种莫大的鼓励和欣慰。她体会着工作中的磕磕绊绊，在磨炼中不断成熟。

至于家里的情况，也有了相应的转机。父亲卖掉了他们之前的大房子和车子，一部分用来抵债，一部分用来做小生意的本钱。日子不再那么轰轰烈烈，就像她儿时记忆里的那样，父亲辛苦打拼，母亲照顾家里，唯一不同的是，她在亲身目睹并体验了这一切后，再不是娇滴滴的柔弱公主，而是一个可以跟父母并肩抵挡风雨的、有独立根基的大人了。

无论你曾经或现在是灰姑娘还是公主，都别抗拒生活的洗礼。要知道，迟早有一天，你得独立去面对生活、去面对所有，不会有人始终如一地陪伴你，亦不会有人帮你扫平前方所有的道路。也许，现在的你还很脆弱，但要记得，勇敢一点，你终会变得坚强。

# 即便失去一切，依然要勇敢地活下去

顺境也好，逆境也好，都没有不变的，环境始终都会变。遇到逆境磨难的时侯控制不了、把握不住，一着急、一上火，就把自己毁了，越来越不好了。如果真能把心稳住，勇敢地去面对，那困难很快就能过去。困难是暂时的，不用害怕，一切都会过去。难的是，人很难把握住自己的心。

——达真堪布

她的书架上摆放着一摞摞的书，那是她挚爱的伙伴。她说，自己最喜欢的两本书莫过于美国作家露易丝·海的《生命的重建》和史铁生的《我与地坛》，她读了很多遍。

知情的人都懂得，人在孤单脆弱的时候，总是希望能够遇到一些“同伴”。她之所以对这两本书情有独钟，与其作者的经历和人生理念是分不开的，他们的人生、他们的故事、他们的文字，给她力量。

就像露易丝·海——美国最负盛名的心灵导师，她的个人思想全部是在她痛苦的成长过程中逐渐形成的。她有过飘摇穷困的童年；父母离异、5岁时遭强暴、少年时代一直受到凌辱和虐待。后来，她逃到纽约，历经坎坷，做了一名时装模特，嫁给一个富商，14年后却又被丈夫遗弃。经历了这一切后，癌症又找上了她。面对身心上的种种灾难，她选择了坚强，创作了《治愈你的身体》、《生命的重建》等代表作，用自己的经历，帮助了千万人。

而对她来说，生命也正在经历着一场重建。

她的人生，在29岁之前，平平常常，一切却都还算顺利。读书、毕业，工作、结婚，顺理成章，过着淡淡的却很幸福的小日子。可是，谁也没想到，那一场突如其来的车祸，却在她保住了几个学生时，断送了自己的双腿。事情一经传出，她的名字——张丽莉，轰动了全国，人们说她是“最美的女教师”。

出事后，她也有过低沉的情绪，直到现在，她偶尔还会在意别人的眼光。每当有人把目光投向她的双腿时，她说，心里都会觉得不舒服。那次，她和丈夫到附近的商场，在等待付款时，看到了一个可爱的小孩，她喜欢孩子，不由自主地去逗她，孩子用天真的眼神看着她，起初还笑呵呵的，可片刻之后就跑开了，对她的妈妈说：“她没有腿。”

这样的情景，她知道是自己在未来的日子里必须面对的，所谓康复训练，不仅仅是身体上的康复，也包括心灵上的治愈。偶尔，心情不好的时候，她也会哭，倒不是因为辛苦和苦难，而是需要适当的发泄。很多话，她没有办法向父母家人倾诉，因为那样他们要承受得更多，所以她情愿自己偷偷地哭一场，最多就是当着丈夫的面流泪，他是她最大的依靠。哭过之后，心里舒服了，就会回归到正常的生活中，该做什么还做什么。

每天，她都会对着镜子微笑，给自己更多的自信，尽管她现在并不化妆。有人说她乐观，说她坚强，可她自己却说，其实自己也没什么特别的，身体健康的时候并没有太多的感触，每天都在为了工作和生活奔忙，甚至还有点小小的不满足，觉得生活处处都有不如意。可当自己从死亡线上挣扎过来后，反而对生命有了更深刻的感悟：每天拉开窗帘，感受到蓝天白云和阳光，从生死未卜到生活基本可以自理，已经是莫大的幸福了。

她的身体，永远的残缺了，但她的灵魂和人格却从此变得更加完整。她心里没有怨怼，有的只是感恩，感恩自己还活着，感恩那么多人给自己关爱。她还说："活着就是一场修行，只希望对得起经历的苦难。也许，今后还有无法想象的困难等着我，在鲜花和掌声之外，我需要面对的是长久的平淡生活。"

生活中随时都有意外发生，这是每个人都不期望看到却又无可奈何的事。当不幸降临的时候，我们会觉得肩头背负了太多的重担，几乎将自己压垮，个别人在情绪失控时，甚至觉得死亡才是最好的解脱。可看到张丽莉的人生，真希望脆弱的人明白，只要自己还有一口气，只要还能看到明天的太阳，就该勇敢地活下去。也许，煎熬的过程很苦，但请你相信，多给自己一点时间，真的可以走出阴暗的幽谷。

美国一位著名的社会学家在自传中曾经这样写道："上天既赋给我音乐和演说的才能，同时又给了我父母早逝、双手残疾的境地。我也承认，当我的双手残废时，我感到像一个把终身的积蓄都投资于工厂中的人，当一切准备就绪预备开厂，在和保险公司谈妥了保险方案之前，忽然在半夜被人叫醒，发现我所有的东西都被夜里的一场大火烧光，化成灰烬。猛兽般不屈不挠、勇往直前的精神让我在这两种悲惨的情形之中从没产生过自暴自弃的念头。因为我知道，自暴自弃是无济于事的。"

只要心中保持能让阳光照进的空隙，慢慢地，即使前方再有阴影，我们也会深知这就是一个简单的"阳光在后"的结果。那时，心中便不会再有作茧自缚般的痛苦。

# 你若不勇敢，没有人会替你坚强

当生命的考验来袭，如果我们不转身逃避，而坦然接受，那么，我们将可以成为一个更坚强的人。当其他考验再度降临，我们会惊讶地发现自己不再“大惊小怪”，而能以更成熟的方式，勇敢地向挫折下战帖。

——黄桐《人生总要慢慢熬》

倘若大海失去了巨浪的翻滚，就会失去蔚蓝碧波下的生机；倘若天空总是万里无云，就会失去风雨的美丽。人生，亦是如此。

“她半生清贫，命运坎坷，幼年丧母，中年失夫，晚年始终被流言和疾病折磨，可谓一生都在与命运做着不屈不挠的斗争。但她却懂得用恬淡的心态去面对清贫，用卓越的努力去赢得光荣。她说：‘我从来不曾有过幸运，将来也永远不指望幸运，我的最高原则是：对任何困难都决不屈服！’在这样一位庄严、勇敢、高雅、和平的伟大女性面前，时间的游走只突显了它的无力，岁月的长河亦始终无法将这个名字从人类的纪念册中抹去。她如一朵铿锵玫瑰，不会随着岁月流逝而枯萎凋谢，而始终在天地间某个角落里散发着幽幽的香气，沁人心脾。”

这段话，源自《铿锵玫瑰：居里夫人的故事》的作品简介。区区两百多字，却巧妙而丰富地总结了这个不凡女人的一生。从此，她成了勇敢与优雅的化身，打破了舞台上哈姆雷特的宣言：“女人啊，你的名字是软弱。”在你追我赶、变幻无常的世界里，太多的艰难、不幸，需要女人自己去承担，你若不勇敢，拿什么来为自己挡风遮雨？

西蒙·波伏娃说过：“女人不是生而为女人，而是变成女人的。”女人要美丽，要优雅，这是女人内心的一种渴望；同样，女人也可以让自己变得勇敢，变得坚强。风雨来袭时，像男人一样奔跑，带领自己穿越厄运的海洋，该坚强的时候，纵使咬紧牙关，也要挺过去。

关于勇敢和坚强，《千与千寻》这部电影也许是最好的诠释：

千寻和父母准备去新家，途中却意外地来到了一个古老的城楼前，城楼下面有一条长长的隧道。出于好奇，父母带着千寻走了进去，没想到，隧道的那边竟然是另外的一个世界。父亲以为，这是经济泡沫前盖的仿古游乐城，还满心欢喜。

正在这时，父母闻到了诱人的饭香，循着气味，他们来到了空无一人的小镇上。面对鲜美的食物，父母迫不及待地大快朵颐，千寻却觉得眼前的场景有些害怕。她试图阻止父母，可他们全然听不进去。果然，等千寻离开之后再回来时，父母已经变成了猪。此时，已经临近傍晚，小镇上点亮了灯火，一下子出来了许多古怪、半透明的人。千寻害怕极了，幸好一个叫白龙的人救了她，并告诉她怎样才能够在这里生存下去。

几经周折，千寻幸运地在浴池找到了一分打杂的工作，并且慢慢适应了周围那些怪模怪样的人。她认识了对她有好感的无面人，成功招待了肮脏的河神，还从小玲那里了解到白龙是凶恶的汤婆婆的弟子。

一次偶然的机会，千寻发现白龙被一群白色飞舞的纸人追杀，为了帮助受伤的白龙，千寻用河神送给她的药丸驱出了白龙身体里的印章，这个这印章是白龙从钱婆婆那里偷来的。千寻决定把印章归还钱婆婆，让钱婆婆救白龙。

她带着汤婆婆的孩子、宠物鸟和无面人一起坐上了去沼底的火车。汤婆婆丢了孩子之后，大惊失色，而此时已经苏醒的白龙，以找回她的孩子作为条件，让汤婆婆把千寻和她的父母送回人间。白龙到来钱婆婆家，接千寻他们回去，最后千寻和父母一块回到了现实的世界。

影片会习惯性地把人拉回到童年的记忆中，想起点点滴滴的趣事或是痛苦的经历。千寻，宫崎骏镜头之下的一个普通的女孩，她有胆小、善良、调皮的天性，在失去父母的时候，也曾感到无助和脆弱。而白龙在把她带进浴所并告诉她如何生存下去之后，就彻底消失了，并没有给予这个弱小女孩多大的帮助。

为了生存，为了生活，就算再害怕，千寻也只能强迫自己坚强勇敢起来。

这样的剧情，和现实生活并没有太大差异，我们不可能在任何困境中都保证可以得到强大的外力帮助。无论面对怎样的境遇，都要收起自己的脆弱，拿出勇气，笑对生活。

一位被丈夫抛弃而割腕的女人，最终选择了勇敢面对自己“淋漓”的伤口。她说：“从绝望中醒来，看到洒在窗前的阳光，我的心顿时就亮了。他值得我这样吗？不值！我就像凤凰一样，重获了新生。”之后，她用母爱全身心地照料女儿，日子过得有滋有味。她的心苦过，可是勇敢让这份苦找到了出口。

坚强的女人，不会怨天怨地，更不会遇到点事儿就放弃，越是狂风骤雨，越懂坚守自己。当你把自己撑起来了，就不会被外界的所有压倒，那才是真正的精彩和强大。

## 总要在疼过之后，才能成为全新的自己

我们的一生之中，经历过无数的风波，起起伏伏，担忧考试不合格，初恋时非对方不娶不嫁，初到社会做事出错……但现在还不是好好地活着吗？昨日的压力，已是今天的笑话了，还摇摇头，说一句：“当时真傻。”人，只要生存下去，总会过的。

——蔡澜

她长着一张可爱的娃娃脸，目光里透出一股温和与善良。在那个远离城市的小镇，像她这般可爱模样的女人并不多见，绝大多数已成家有子的女人，都显得有些不修边幅。若不知详情，单单看她这个人，真的会以为她只是一个不谙世事的小女孩，没有人会想到，她已是一个六岁女儿的母亲。

多数时间里，她生活得并不开心，只看她老公的面相便知一二：高高瘦瘦、满脸横肉、浑身酒气，和她站在一起，一点儿都不般配，可他却真的是她的丈夫、孩子的父亲。再看家里，时常是狼藉一片，卧室的门不知什么时候被戳破了一个碗口大小的洞，地上、沙发上，处处都是争执殴斗过的痕迹。偶尔，还会看见，年幼的女儿躲在墙角抽泣，不时发抖。

这一切，她极少向人诉说。若说怨，也只怨当年的自己太幼稚，一失足

成千古恨。

17岁那年，她高中毕业，之后没有继续上大学，而是出来打工了。在小城的工厂里，她认识了现在的丈夫。他连小学都没有读完，说不是文盲却也差不多，他给工厂里跑车，每出差一次就能赚到一些外快。在小城市里，会开车，有外快赚，那是一件挺有面子的事。更何况，他每次出差回来，都会给她捎回来不少东西，让她的虚荣心得到了极大的满足。

渐渐地，她喜欢上了这个会讨好人的男人，并开始与之交往。不过，她的父母极力反对，甚至以断绝关系相逼。可谁都知道，当一个女孩动了真感情，死心塌地想要跟一个人的时候，已是被爱情冲昏了头脑，如何劝说都没用了。她没有阻挡住那个男人的花言巧语和物质刺激，也不顾家里人的威胁反对，匆匆地嫁给了她。

她以为，从此走向了幸福之路，却没想到，地狱般的生活才刚刚开始。

婚后，他不许她出去工作，说自己可以赚钱养家，她只要做全职主妇就行了。起初，日子倒也是太平，她也挺享受这份清闲，可是没过多久，问题就来了。他每次出车都很辛苦，但不是每次都能赚到钱，有钱的时候就高兴得手舞足蹈，没钱的时候就对她横眉冷对，从辱骂开始，渐渐上升到出手打人。

仅仅脾气不好也就罢了，更糟糕的是，他还沾染上了赌博的恶习。没钱的时候，就让她出去借，借来的钱，他全都拿去赌博、吸烟，几乎没再给她买过什么东西。可当借钱的人找上门时，他却死皮赖脸地说："这钱我根本不知道，她借的，你找她要。"

有一次，她实在没钱用了，就跟以前的男同事开口借了几百块钱。结果，借钱的场景被他看到了，回家后，他竟然用倒满了开水的茶杯砸向她。她的手臂被烫得起了泡，即便如此，他还是不满意，又抬脚将她踹到屋外。

遍体鳞伤的她，实在不知该去哪儿，只好硬着头皮回了娘家。父母见女儿受了这么大的委屈，心疼坏了，他们当即决定，让女儿离婚。

没想到，第二天，他就主动找上了门。他的表现，和前一天晚上截然不同，对着她和她的父母说尽了好话，给自己的行为找了充足的理由："我喝酒了，是我不好，我糊涂了。我真的错了，再给我一次机会吧，我真的会改，以后再也不会出这样的事了。我保证……”

善良的她心软了，信了他的话，以为这样的遭遇仅此一次，他今后定会改正，便跟他回了家。可惜，事实证明，他不仅没有改，反而变本加厉了。

后来的两年里，她身上经常是青一块紫一块，脸上也时常挂彩。为了不让父母担心，她不再跑回娘家诉苦。周围的人都知道她家的情况，却也无能为力。没有谁知道她在想什么，也没有人知道她为何不选择离开。偶尔，会有人劝她，可她一声不吭，就像没听见一样，只是默默地掉眼泪。

直到有一天，她带着女儿和简单的行李离开家，坐上火车，去了离家很远的地方。她没有告诉任何人，只是默默地离开了。丈夫并未放过她，他跑到她的娘家去散播谣言，说她与别人私奔了，她借的钱都是他在还账，她对不起他。

半年后，她给父母寄来了一封信，告知她与女儿一切都好。信中，她这样写道：

“曾经，我以为我的善良和包容可以保住我的家，唤回他的良心，让他改掉那些陋习。可是我错了。对于不值得、不懂得珍惜的人来说，我所做的退让，都被认为是软弱和无能。我的心被彻底伤透了，也不想再继续那名符实亡的婚姻了，所以我选择了离开。请原谅我，没有跟你们告别，我是真的想一个人冷静冷静，也想安静地调整一下身心。现在，我和女儿在这里过得很好，远离了谩骂、殴打，我有自己的工作，也可以安心照顾好孩子……”

再后来，她回到家乡，借助法律程序，与他办理了离婚手续。那一场痛苦的婚姻，永远地成为了过去，而她也终于在疼过之后，蜕变成了全新的自己。

也许，这样的故事终究是特例，但它却着实告诉女人一个道理：人生很长，难免会受伤，在遭遇痛苦的时候别彷徨，别退缩，勇敢打破思想的禁锢，真的累了、疼了就放手。当一切尘埃落定，你亦必将像凤凰一样，涅火重生。

## 对曾经看轻你的人，说一声谢谢

那些讨厌我和一度让我讨厌的人，也是我的修行，时刻提醒我要谦卑和自省，也要自强不息。他们都是我的恩人，使我明白我虽不能得到所有的人的喜欢，但我可以时常怀着欢喜心，既感恩人生的顺缘，也感谢所有逆缘磨炼我的心志，造就今天的我。世间一切法都是佛法，人生何处不是道场？

——张小娴

她说，从有了记忆开始，就感觉自己跟别人不太一样。

儿时，看着院子里的小伙伴们有说有笑，羡慕不已。每次自己一靠近，她们就故意走开，疏远自己。谁若跟她一起玩，回去就会被家里人训斥一番。对她有偏见的，不只是同龄的孩子，就连那些大人，每次看到她，也总是窃窃私语、指指点点。

那时的她，不过是个年幼的孩子，不知道自己究竟做错了什么。唯一跟她亲近的人，只有爷爷奶奶，还有那只叫阿黄的狗。孤单的时候，就跟阿黄说说话。偶尔，爷爷奶奶看见她牵着阿黄远远地望着那些玩耍的同龄孩子，都会偷偷地抹眼泪。

稍微大一点儿后，她隐约听说了一些事情：母亲怀着她的时候，父亲因为抢劫伤人被判入狱，母亲生下她后不久，就离开了，再也没有回来。起初，她并不相信这些流言蜚语，觉得是那些人在胡说，因为爷爷奶奶一直告诉她，她的父母都是好人。可当她哭着跑回家，问爷爷他们说的是不是真的时，爷爷满脸愁容，长叹了一口气后就陷入了沉默；再看奶奶，泪水早已在脸上泛滥……爷爷奶奶只字未提，可她什么都明白了。

她带着阿黄在附近的大树下，哭了整整一个下午。她没想到，自己的父亲真的是一个抢劫犯，而母亲也是真的弃她而不顾了。想起周围人这些年对她的指指点点，她幼小的心灵实在难以承受。本就不爱说话的她，此后变得更加沉默了，很少有什么事情能够激发她的兴趣，让她开怀一笑。有时，看着阿黄的眼神，她竟然也觉得它在可怜自己。

过早品尝人间冷暖的她，叛逆期来得比同龄人要早许多。爷爷奶奶的年纪越来越大，她却越来越不听话。同学觉得她性格古怪，说话尖刻；周围的邻居觉得，种什么瓜得什么豆，她父母都不是正经人，她也好不到哪儿去，但凡有点儿什么不靠谱的事，不管是不是她做的，都一并算在她头上。渐渐地，她也习惯了被误解，也习惯不解释，反正人生已经这样了。

读高中时，功课很紧张，可她还是一副满不在乎的样子。没有人给她买参考书，没有人给她灌输要考大学、有作为的思想，她依然我行我素、想干什么就干什么。她和同学之间的关系，冷冷淡淡，通常都是独来独往，很少与谁打招呼。

记得那年夏天，她吃过午饭后在教室里呆坐。坐在她前面的几个女生，凑在一起不知道在说什么，她也没太在意，反正那些都与她无关。她只知道，她们在摆弄一个像收音机一样的东西。她翻了两眼书，看不进去，索性就趴在桌上睡着了。

不知过了多久，一阵刺耳的尖叫声吵醒了她。“哎呀，我的MP3怎么不见了？”是前排的那个女生在说话。她这才知道，原来她们刚刚研究的那个东西，叫作MP3。看那女孩急得面红耳赤，眼泪都快下来了，说：“那是我爸昨天晚上刚给我带回来的，怎么办呀？我就放在桌子里了！”见此情景，她突然觉得又好笑又可怜。

没想到，这时，学委带着一副官腔发话了："快点儿，谁把她的MP3藏起来了，赶紧拿出来，别开玩笑了！"平日里，学委就喜欢拿着鸡毛当令箭，动不动就喜欢给人打小报告，背后也没少说她的坏话。班里聚集的同学越来越多，可就是没人承认，丢MP3的女孩急得哭了。

突然，一个讨厌的声音传出来："刚刚我们出去的时候，就她在教室里。"她没想到，矛头竟然指向了自己，看那架势，仿佛认定了就是她拿的。接着，又有人迎合道："对啊，有前科的人，肯定得小心点。"有人趁机起哄，让她把东西"交出来"。

她开始有些惊讶，可几秒钟之后，她就淡然了。这样的事情，不是第一次发生了，指鹿为马的罪名，她也不愿做过多的解释。她心里压抑着委屈，可更多的是愤怒，自己从小到大一直被人看轻，贴上了不好的标签。

"不是她拿的，她在座位上根本没动过。"一个富有磁性的声音传来，她顺势望了一眼，是他！班里最帅气的那个男孩子，他竟然替自己说话了。话音刚落，叽叽喳喳的几个女孩子，瞬间就安静了。

"你们出去的时候，我正好进来。那会儿，她正趴桌子上睡觉呢，刚刚才起来。我一直没离开教室，我敢肯定，不是她拿的。"平生第一次，有人为她辩解，有人相信她。矛头从她的身上移开了，大家劝那个女孩再找找。结果，那女孩在自己的口袋里找到了，闹了半天，虚惊一场。事实，证明了她的清白。

时隔多年，她还清楚地记得那天中午的事。成长的岁月里，她习惯了被人轻视，习惯了被人误解，习惯了自己一个人扛着，可他的那番话，还是深深打动了她，让她由衷地感激。他简单的几句话，是她内心深处无比渴望却又在现实中从未得到过的信任。

之后的事，连她自己都没有想到。她像是被注入了一股力量，开始拼命地学习，最后考入了大学，毕业后顺利地得到了一份安稳的工作。想起过往的那些事，她的脑海里总会浮现这样一句歌词："冷漠的人，谢谢你们曾经看轻我，让我不低头，更精彩地活。”她的转变，让那些曾经看轻她、对她指指点点的人，缄默不语了。

活在世间，会有人在意你，也会有人把你当成可有可无的人，还会有人对你挖苦讽刺。只是，别人看轻你的时候，不要妄自菲薄，你要自己看得起自己，经受住委屈的考验。同时，换一种心态去面对，换一种角度去看待，正是那些看不起你的人，磨练了你的意志、让你不屈服，从而成为今天更加成熟和美好的自己。

# 经历风雨是人生的一种历练

要永远坚信这一点，一切都会变的。无论受多大创伤，心情多么沉重，甚至一贫如洗，都要坚持住。太阳落了还会升起，不幸的日子总有尽头，过去是这样，将来也是这样。

——奥格·曼迪诺

两棵一高一矮的杨树，比肩而立，伫立在风中。庆幸的是，每当暴风雨来临时，矮的那棵树总是能惬意地躲在大杨树身下，让它为自己遮挡风雨；到了烈日炎炎的天气，它又能躲在大树底下乘凉，日子过得很是舒服。

相比之下，高的那棵杨树就比较可怜了。没有谁为它挡风遮雨，风雨来临时，它就只能在风雨中摇曳。多少次，它也曾怨恨过命运，为什么让自己忍受这些疾苦？可为了生存，它也只能默默忍受着这一切。

日子就这样过了十年。高的那棵杨树，经历了无数次的风吹雨打，可每一次它都顽强地挺了过来，最终长成了一株笔直的参天大树，撑起了属于自己的一片天。它不需要依偎任何事物，只靠自己，便能捱过严寒酷暑。

那棵矮杨树呢？尽管在大树的呵护下过得很滋润，可它的身躯却是瘦弱纤细的。终于有一天，一场暴风雨突然来袭，矮小的杨树被连根拔起，从此彻底消失在了世界上。

饱经风雨，最终成长为参天大树；不谙世事，最终弱不禁风，被连根拔起。杨树如此，人亦如是。正所谓：不经历风雨，怎能见彩虹？狂风骤雨来袭时，必然会痛苦，可同时它也能够磨练和考验一个人的意志，让之变得更坚强、更不屈。

女人在生活中，通常习惯扮演“矮树”的角色，畏惧风雨，渴望被呵护，遇到问题的时候，总想有个人拉着自己，穿过一切阴霾。她们害怕独自去面对一些从未尝试过的东西，害怕挑战挫折和困难。殊不知，痛苦也是人生的一种经历，一份收获。也许，蜕变的过程会很煎熬，会有失落和遗憾，会有恐惧和彷徨，但若挺过去，思想和心灵都会因此变得更加深远，更有内涵。因为，生活的砥砺，会净化和提升一个女人的灵魂。

女词人李清照，年轻时与丈夫赵明诚过着悠然自得的幸福日子，那时的她，写下的诗词满含着一种闲适之情和慵懒之态，偶尔还带着一丝离情别绪。人生无常，当她遭遇了国破家亡，精神上备受折磨与煎熬后，无处释放的情绪全都寄托在了文字上，最终写下了别样的豪迈诗篇：“生当作人杰，死亦为鬼雄，至今思项羽，不肯过江东。”那份心情，如果不是亲身经历，恐怕她一生都难以体会，更不会写下这些久经不衰的诗句。

有阳光，就必定有乌云；有晴天，就必定有风雨。从乌云中解脱出来的阳光，会比往日看起来更加灿烂；经过风雨洗礼的天空，才会绽放出美丽的彩虹。人世间的不幸如同一把刀，它可以为我们所用，也可以把我们割伤，就看你握住的是刀柄还是刀刃。陷入生活的牢笼时，你若选择握住刀柄，那就能够穿过所有荆棘；若只顾握着刀刃，就只能任由它来伤害自己。这个道理，每个女人都该用心体会。

穆熙现在是一家地产公司的中层管理者，谁也想不到，这个干练的职场女性，过去是一名外语老师。在20世纪80年代，教师是一个非常好的职业，福利好，待遇优，每年还能享受寒暑假。当年的穆熙，在享受着别人羡慕眼光时，却做了一个出人意料的决定：自费留学。

现在，放弃稳定工作自费留学的事，时有发生，毕竟人各有志，职业发展也更加多元化。可在当时，她的所作所为令人很是不解，家人、同事、朋友都来做说客，让她不要一时冲动。她说："我喜欢看《钢铁是怎样炼成的》，里面有句话说得很好：人的生命只有一次，当回顾往事的时候，不因虚度年华而悔恨，也不因碌碌无为而羞耻。我想找寻这样的一种感觉，所以我希望多经历一些东西，在一个新的世界，开始我人生中新的起点。"

留学的日子不那么好过，甚至是清贫和艰苦的。身在异国他乡，没有家人的照顾，没有朋友的陪伴，没有一份稳定的工资收入。想要更好地学习和生活下去，唯一的办法就是靠自己的双手去打拼，为此，穆熙付出了比常人更多的努力。

如今，回忆起当年的留学生活，穆熙没有任何悔意，反而还很怀念。她说："那时候，真的很苦，很穷，经常吃面包和泡面，整个人都浮肿了。可那段日子，是我人生里最宝贵的一段经历，我的现在，就是我的收获。"

的确，回国后的她，事业发展得很顺利，也很成功。当然，这不仅仅因为她有过海外留学的经历，更重要的是，她的心态和意志有了很大转变。期间，她也曾碰到过种种困难，可只要想起留学时那段艰难的岁月，再大的苦难与之相比都不算什么。

古埃及的一位隐士曾经说过："我的一生是富有的，因为我都曾经历过。"

单一意味着平庸和浅薄，女人只有不断经历，不断尝试，才能不断成熟和完善。人生中的每一次经历都是一次认知水平的提高，一次人生阅历的丰富。经历是最好的老师，它能让女人开阔视野，明白事理，懂得生活，升华人生。每个追求幸福和成功的女人都应该带着这份昂扬的斗志，所向披靡地经历人生的各种滋味，成为一个真正富有而快乐的人。

# 只要心还活着，生活就没有绝境

生活中其实没有绝境。绝境在于你自己的心没有打开。你把自己的心封闭起来，使它陷于一片黑暗，你的生活怎么可能光明！封闭的心，如同没有窗户的房间，你会处在永恒的黑暗中。但实际上四周只是一层纸，一捅就破，外面则是一片光辉灿烂的天空。

——徐小平《图穷对话录》

罗曼·罗兰曾说："不幸不会长续不断，你要耐心忍受，或是鼓起勇气把它驱走"。

在遇到挫折或磨难的一瞬间，从容面对，就能够在这样的经历中磨练出从容的心态和优雅的举止，让自己像寒冬中的梅花，散发出倔强凛冽的清香。这样的女人，自然而然有种吸引力，能够将周围的目光牢牢锁在自己身上。

40岁那年，她跟人合伙开了一家养生馆。

这不是她第一次创业了。10年前，她和丈夫纷纷遭到厂里裁员，之后她卖过衣服，开过饭店，做过直销，还去其他城市开过洗浴中心，不知是运气不好，还是不善于做生意，结果全都以亏本告终。

世人常说，无奸不商，无商不奸。偏偏，她是个善良本分的女人，实在劲儿过了头，难免会亏本。对此，她一点也不避讳，自嘲地对人说："我呀，天生就不是做生意的料。"折腾了10年，把家里辛苦积攒下来的那点儿钱全都打了水漂，还欠了不少外债。

生意最惨淡的时候，是她开洗浴中心时，店铺在一个城乡结合部地带，门面看起来还不错，里面也挺宽敞。当时，她是用高利贷的钱给洗浴中心做装修的，本想打一个翻身仗，没想到人算不如天算，附近很快就拆迁了，那些租住在民房里的人，陆续搬走了；住在居民楼的人，光顾洗浴中心又不多。就这样，她的生意黄了。

日子艰难的时候，她辞掉了浴池的搓澡工，亲力亲为，尽量节省开支。可即便如此，洗浴中心没过多久还是歇业了。好歹，经过大风大浪的她，平静地接受了这个事实。为了还债，为了儿女，她到朋友介绍的超市里打工，理货、收银、推销，几乎所有的事都要做。有时候，超市货物运来时，她还帮忙卸货。

其实，当时介绍她来的时候，已经说好只做售货员，可她太实在，说都是朋友介绍的，能帮忙就帮忙，计较太多没用。知道她和气好说话，店老板对她也挺热情，只是工资一分钱也没多给。过年的时候，她拿到的红包，跟普通员工拿的红包，没什么分别，都是100块钱。

这份工作，没给她的生活带来多大的改善，反倒是落下了腰椎病。酒水饮料的货物，份量着实不轻，从前虽是工人，做的却也不是重体力活，突然间就扛这么重的担子，她瘦弱的身躯未免吃不消。每次卸货之后，腰都会酸痛好几天，有时胳膊都抬不起来。

为了儿子能上好一点的学校，她搬到了镇上。朋友借给她一间房子暂住，多少能省点房租。那房子实在简陋，一间房，两张床，吃饭睡觉全在这里。屋子的墙角有一个布料衣柜，里面整整齐齐地摆放着她的诸多衣服裙子。日子辛苦，可她依然美丽如故，不管在外还是在家，永远都那么干净利落、时尚漂亮，待在这间陋室里，也宛若一颗璀璨的明珠。

后来，她生了两场大病，一次是阑尾炎，一次是子宫肌瘤。切除子宫之后，她看起来比之前显老了，脸色也不再那么好，可她的穿着打扮依然入时。熟悉的人问起她的病况，她就撩起衣襟把小腹上的两道粉色的疤痕露出来，开玩笑地说："要是再来点什么病，我看医生都要发愁了，还有什么地方可以下刀啊？"

多少人觉得，她可能会在超市一直待下去，维持生计，养大孩子。没想到，时隔几年，她又拿出手里所有的积蓄，重新经商。相较以前，她思虑得多了，只是做养生馆的小股东，兼职在店里做店长，每个月拿点固定工资，不至于一亏到底。

她向来都是光彩照人的，不管身处什么样的处境，她都把自己收拾得光鲜体面，去养生馆也真的挺适合她。只是，不少人听闻她的经历后，都感叹自古红颜多薄命。她笑笑，自己薄命吗？也许是这样吧！30岁之前，有稳定的工作，稳定的收入；30岁之后，命运露出了狰狞的一面，穷困、病痛一股脑儿全来了。好在，她从不怨恨，也不伤感，只是坦然地笑着活下去。

微信的朋友圈里，她经常会上传一些美容、养生内容，像一个贴心的朋友。偶尔，她还会发一些人生感悟：这一生，说长不长，说短不短，别计较太多，吃点亏也别放心上。留得青山在，不怕没柴烧。

当女人在生活中陷入困境时，要么在实际生活中冲出困境，对于可以挽回的事情极力地排除困难，明智地改变它，解决它；要么就是从思想上冲出困境，对于无法挽回的事情睿智地面对它，接受它。总之，人生的低谷并不可怕，可怕的是沉溺其中，不知道如何自拔。

有一位女作家在采访的时候对记者说："我年轻的时候和很多女孩子一样，追求新鲜和刺激、肤浅不知世事，然而，在经过一些磨难之后，我才渐渐成熟，也明白很多人生的真谛，虽然克服磨难让我心力交瘁，甚至变得容颜沧桑，但是却增加了我的魅力。我先生说如果他遇见的是年轻时的我，就一定不会选择我来和他共度余生。"

其实，人生没有绝境，即便到了山穷水尽、无路可走之时，只要不妄自菲薄、坚定信念、坚持不懈，就定能赢得光明的未来。不管黑夜多么漫长，朝阳总会冉冉升起，不管风雷怎样肆虐，春风终会缓缓吹拂。

## 时刻安慰自己，一切都会过去的

我更愿意站在这些苦难与眼泪里说，其实一切都会过去，只要你不在乎，一切就会风平浪静。这就跟发水痘一样，必须把身体里的内火都表出来才能重获健康。你不能急，不能挠，还不能嫌难看，就得耗够了时候，痂掉了，一切才能恢复正常，才能平息。

——《如愿》

国王在梦中得到一句箴言，梦中有人告诉他，在这个世界上，只要记住了这句话，一辈子就能忘怀得失，安然度过任何大起大落。糟糕的是，国王记性不好，一觉醒来，竟然把这句话给忘了。

国王懊悔不已，又很焦急。于是，他耗费了宫中大部分钱财，打造了一枚巨大的钻戒，对众大臣说："谁能帮我把这句话找出来，我就把这个钻戒给谁。"可惜的是，很长一段时间过去了，谁也没找到这句话。

直到有一天，一位聪明的大臣对国王说："陛下，先把您的钻戒给我吧！"

国王问："你找到了吗？"

老臣不说话，拿过钻戒，在戒指上刻下一句话，然后还给国王，扬长而去。

国王一看，恍然记起这正是自己在梦中听到的话，一句看似很平淡的话：一切都会过去。

后来，王国遭到外敌入侵。大敌逼近之际，国王不得不骑马逃离王宫。敌人哪肯放过他，一路穷追不舍。渐渐地，国王踏上了一条死路，路的尽头是悬崖，跳下去一切都将结束。回过身，追兵随时都可能出现，国王甚至已经隐约听到了敌人的马蹄声传来。

在生死存亡的那一刻，万念俱灰的国王突然想起了钻石上刻着的话："一切都会过去。"他的心，顿时平静了，没有轻举妄动，而是下马坐在了悬崖边。奇怪的是，那些追兵并没有赶来，他们可能是在森林里迷失了方向，也可能是走错了路，因为马蹄声渐渐地减弱了。

躲过这一劫之后，国王重新召集自己的军队，与敌人浴血奋战，重建了王国。凯旋那天，人们载歌载舞地庆祝胜利，国王的自信心又开始膨胀了，不由得洋洋得意起来。这时，有人提醒他再看看那枚钻戒，他又一次看到了那句话："一切都会过去。"他冷静下来，心情又恢复了平静。

严寒冬日，万物凋零，当你误以为树木已经死去而砍到它的时候，你会在春天惊奇地发现，它又抽出了嫩芽。人生何尝不是如此？在遭遇伤痛和逆境时，妄下消极断言，想着这辈子彻底毁掉了，再没有重新站起来的勇气。其实，当你熬过了那段日子，冬天过去，春天就会来临。只要心不死，一切都会过去的，即便不是在今天，总有一天会的。

刚结婚时，她和丈夫历经过一段落魄的日子。周围的人看不起他们，话都懒得说。她去恳求亲戚帮忙，别人都是摇头诉苦，说自己的日子也不容易，实在帮不了。世态炎凉，吹散了她心底仅有的那一丝暖意。

走投无路时，丈夫整个人都崩溃了，待在家里不肯见人。此时，她想到了一个人，那是丈夫昔日的好友，平日里不苟言笑，总是平平淡淡的样子，好在性格温和、心地善良。曾经，需要他帮忙时，不用恳求，他便知道你需要的是什么。只是，至今相离百里，很少见面。

她劝说丈夫出去散散心，就一同到那朋友家做客。朋友住的房子很简陋，穿着也很寒酸，且至今未婚。看得出来，他的日子过得也不太好。在朋友面前，她亲眼看见丈夫痛哭流涕，诉说心中压抑的困苦，感叹人间冷暖。

待他发泄过后，朋友淡淡地说了一句："没事儿，一切都会过去的。"

离开时，朋友塞给他们夫妇一卷钱，对她的丈夫说："别想太多，都会过去的。"

她问朋友："栏里的猪呢？"

朋友说："就它值点钱，卖了。"

她和丈夫恍然大悟，手里的那卷钱，是朋友用那头猪换来的。他给了他们全部。

回家的途中，丈夫一言不发。直到临近下车时，才咬着牙对她说："我不能再这么下去了，我要振作起来，不为自己，就为他这一份忠肝义胆。"

时光如梭，一转眼，十几年过去了。在辛苦的打拼下，她和丈夫有了自己的店铺，日子算不上大富大贵，却也不愁吃穿，房子有了，车子有了，亲朋好友都赶着巴结他们。然而，他们夫妇却始终没有忘记当年那位雪中送炭的朋友。

择一个春日，他们开车去看望那位老朋友。朋友的家，与多年前没什么变化，依然孑身一人，模样看起来却老了不少。在朋友跟前，丈夫讲述着这些年的创业历程，还有那些曾经看不起他的人现在对他是如何谄媚逢迎。朋友喝着茶，笑而不语，到最后淡淡地说了一句："一切都会过去的。"

听了朋友的话，夫妇俩的思绪又被拉回到十几年前，他们都沉默了，不再言语。从朋友家回来后，她发现了一件事，丈夫比之前沉稳低调了许多，对店里的伙计也不那么苛刻了，对亲戚朋友也不再指手画脚，更不会刻意摆阔了。她知道，丈夫是真的懂了朋友的劝告：一切都会过去的。之后，每到年节，他都会主动给朋友寄去一些礼品，虽不贵重，却实实在在。

是的，一切都会过去，无论春暖寒冷、阴雨阳光，还是贫困富足、欢笑泪水。艰难的日子里不要绝望，一切都会过去；辉煌的时候不必得意，一切也会过去。这辈子，用淡淡的心态过活，给时间一点时间，让一切都从容。

# 无论多么深的伤口，也会随着时间愈合

没有不会谢的花，没有不会退的浪，没有不会暗的光，没有不会好的伤，没有不会停下来的绝望。那么，你在烦恼什么？

——苏打绿

法国小说家莫泊桑说过：“生活不可能像你想象得那么好，但也不会像你想象得那么糟。我觉得人的脆弱和坚强都超乎自己的想象。有时，我可能脆弱得一句话就泪流满面；有时，也发现自己咬着牙走了很长的路。”

一位农村妇女，18岁结婚，26岁时遭遇战争。为了活命，她不得不带着两个女儿和一个儿子东躲西藏，过着颠沛流离的日子。村里有人不堪忍受这种暗无天日的折磨，想一死了之，她得知后就会去劝：“别这样啊，没有过不去的坎儿，敌人不会一直这么猖狂的。”

终于，她熬到了战争结束。可是，炮火连天的岁月里，缺衣少食，医疗条件也不发达，她的儿子在极度缺乏营养的状况下，因病夭折了。丈夫丧子心痛，在床上躺了两天两夜，不吃不喝。她流着眼泪对丈夫说：

“是咱们命苦，可命再苦也得过啊！儿子没了，咱再生一个，没有过不去的坎儿。”

刚刚生了儿子，丈夫却又得了水肿病，很快离世。这个打击对她来说，实在太突然、太猛烈，很长一段时间她都没回过神来。时间是一副良药，最后她还是挺了过来，把三个未成年的孩子搂在怀里，说：“没事，别怕！还有娘在呢！”

含辛茹苦、年复一年，孩子们终于被拉扯大了，日子也好过了许多。两个女儿嫁了人，儿子也娶了媳妇。她逢人就乐呵呵地说：“现在的生活多好啊！我就说，没有过不去的坎儿。”她年纪大了，不能再做田里的活，就在家里纳鞋底、做衣服，缝缝补补。

上苍似乎并不眷顾这位命运多舛的女人。在照看孙子的时候，她不小心摔断了腿。因为年纪大，做手术危险，就一直没做手术。她不能再出去溜达，每天只能躺在床上。儿女们都哭了，心疼她，她却说：“哭什么？我不是还活着吗？”虽然下不了床，可她心里很豁亮，没有一点抱怨。她坐在床上做针线活，会绣花、会编织手工艺品、会织围巾。不少人看她手艺好，都跟她来学艺。

她活到了86岁，临终前，她对儿女们说：“别哭。都要好好过，没有过不去的坎儿。”

人生如同一本厚重的历史书，扉页上写着：昨天过去了，才有了今天；今天过去了，就迎来了明天。历史告诉世间所有的女人，所有的痛苦与煎熬，都只是暂时的，它终将会成为过去。人生的低谷不可怕，可怕的是沉溺其中，不知如何自拔。当生命的浪潮涌来时，不要手足无措，不要以泪洗面，怨叹、悲泣，都只会加深你的痛苦。当你咬着牙，忍着悲痛挺过去时，就会惊喜地发现：岁月会冲洗掉所有的伤疤。

22岁那年，她以优异的成绩大学毕业，并接到一家知名企业的录用通知。周围的朋友为她欢呼雀跃，吵着要她请客吃饭，一起庆祝。那天，她和朋友玩到深夜，就好像在释放这几年的辛苦与付出。

次日醒来时，已是中午，正揉搓着睡眼，手机铃声响起。电话是姨妈打来的，阴沉着声音说，家里出了点事，若有时间，还是赶紧回来一趟。任她怎么问，姨妈支支吾吾，就只说“回来再说吧”。

来不及给家里买什么东西，她连忙往家里赶。到了家门口，一股凝重的气息迎来，让她感觉有些不寒而栗。姨妈抱着她哭了，原来，就在昨天夜里，她的母亲出了意外，撒手人寰。想想母亲遇难的时候，她正跟朋友们有说有笑，浑然不知。

回顾这些年来母亲所过的日子，她感到一阵剜心的痛：含辛茹苦，不舍吃穿。终于，她毕业了，有了工作，母亲辛苦熬出了头，一天福还没享，就这么走了。仿佛母亲这一生都在为她操劳，见她出息了，便完成使命一般走了。

她悲痛欲绝，三天里不吃不喝，整个人都垮掉了。生活，夺走了她所有的希望，她的世界变成了灰色，原本俊俏的脸上写满了痛苦和憔悴，见者心碎。当时，她觉得天已经塌了，自己再无一丝一毫的力气撑起生活。

内心痊愈的过程，总是缓慢的。那时的她，绝不会想到，微笑和幸福还能够与她结缘。母亲的离开已是无法更改的现实，家里还有日渐年迈的父亲，那也是她至亲至爱的人。一个月后，她顺利到新公司报道，开始了自己的职业生涯；两年后，她在工作中认识了自己的另一半，幸福地恋爱了；三年后，她做了新娘；四年后，她成了一个孩子最依恋的母亲。

清明时节，她带着爱人、孩子，陪伴着父亲一起，在母亲的墓前献上一束鲜花。此时，悲痛已化作深深地缅怀，思念之余，她知道，生活还在继续，她的生命中还有这些眼前人值得珍惜和爱护。

记得一位心理学家曾经说过：“一个女人只有依靠自己的强大，才能让悲情真正过去。”

过去的伤痛，不是摆放在阴暗的角落就可以视而不见；也不是深藏在心里就可以永远遗忘。真正的强大与释然，该是勇敢地穿越过去，不刻意隐藏，也不刻意遗忘，而是不再被它所干扰，坦然地去面对它的存在。

每个人都会经历这样或那样的痛苦，不幸各不相同，心情却都相似。沉沦在昨天的阴影中不肯出来，就永远看不到前面的阳光。过去的，就让它随风而逝吧！就算真的难以忘怀，至少要学会放下，时间的车轮会推着我们往前走，那些难以磨灭的伤痛，也会在岁月的冲刷中慢慢变淡。要相信，没有到不了的明天。

当你理解了生活就会慢慢知道，坚持未必是胜利，放弃未必是认输，与其华丽地撞墙，不如优雅地转身，给自己一个迂回的空间。人生就像一场戏，我们要扮演各种不同的角色，不能因沉醉于其中的某一种角色而难以自拔，也不能因陷入某一段情节而不肯出来。无论过去是无限风光，还是黯淡消沉，都要学会面对、提起、转身、放下，不断迎接更好的角色，更好的明天。

# 辑五

## 一个优雅的转身，开始人生的另一种精彩

# 别忘了，放手也是一种选择

世间最珍贵的，莫过于眼前的幸福，对于那些不属于自己的，我们只需要放开手，便能得到快乐。固守固然值得钦佩，但放手何尝不是一种洒脱？安然放弃那些不属于自己的东西，也就不会被牵绊住。心无挂碍地生活，才是生命中该有的最好追求。

——加措活佛《一切都是最好的安排》

琪和男友分手的事，闹得沸沸扬扬。倒不是她刻意渲染悲伤的气氛，而是男友不依不饶，在空间日志、微博微信上以一副受害者的姿态，述说着自己对她的种种好，而她却不懂得满足，背着他与另外一个人谈起了恋爱。

一时间，她成了朋友圈里被议论的焦点人物。有人表示理解，有人表示不满，有人露出鄙夷，他人的目光和言论，她心知肚明，却没有做出任何的解释。因为，懂的人自然会懂，不懂的人，即便掰开揉碎地说，也未必能了解。更何况，感情的事，本就是两个当事人的事，个中滋味只有自己清楚，外人是难以感同身受的。不管外人说她好与不好，她都认了。

回顾这段长达五年的感情，琪心里也有诸多不舍和眷恋。

19岁那年认识了他，从大学校园一直牵手走到现在，步入社会，参加工作，实属不易。也许是真的越来越接地气，从浪漫的爱情过渡到现实的生活，她才发现，两个人的人生观和价值观，竟存在很大分歧。这也是为什么，他们总在不停地争吵。

琪向来是个有主见、有目标的人，知道自己想要什么样的生活，也知道该为此付出怎样的努力。可男友呢？偏偏是一个得过且过的人，今朝有酒今朝醉，对未来没有丝毫打算。当两个人在一起找不到共同为之努力的东西时，往往脚步就会有落差。显然，在这一点上，琪走在了前面。她也曾试图等他，拉他，却奈何不过他那潇洒走一回的人生观。渐渐地，两个人的距离也就疏远了。

琪本不想放手的，毕竟人生最好的青春都给了这段感情，到头来弄得无疾而终，想想也觉得不是滋味。就在自己脆弱无助的时候，涛出现了。最初，两个人只是聊得来的朋友，涛也是贴心的人，总能猜出琪的几分心思。不用多言就有人理解自己的处境，琪也深觉是一种幸运。

对琪了解得越深刻，涛越发觉得，她是个极其可贵的女孩。她不世俗，对感情一心一意，并非贪图享受之人，只想跟心爱的人一起奋斗，改变生活和现状，可惜身边的人不懂得珍惜她这份好。渐渐地，涛心里对琪有了好感，琪也感受到了，但她一口否决了，说自己有男友，即便感情遇到了麻烦，但毕竟不是单身，所以不能接受。

男友得知涛的存在后，心生醋意，与琪大吵大闹。琪原本还想解释，可男友却摆出一副要琪做抉择的姿态，字里行间都透露着一个信息：你是选择我，还是选择他？琪说，谈不上选择，自己的心很乱，只想安静一下。

现实由不得琪。男友不知什么时候，从她的手机里找到了涛的电话，在电话里与对方“宣战”，指责对方趁虚而入，不是君子。涛也不甘示弱，两个男人针锋相对，甚至想要见面较量。这件事闹得琪心神不安，本来没那么复杂的事，弄成了这个样子，万一真的出点什么事，她心理上更承受不了。

男友让琪迅速地做出选择，涛百般讨好献殷勤，俨然成了一对三角恋。

如此复杂的关系，让琪很是心烦，可她明白，终究得有一个人退出。那段日子，她过得很不开心，男友的不理解、涛的紧紧相逼，让她感觉快要窒息。无所适从的时候，她想到了逃离。

她对男友说："我们分手吧，我也不想做出什么选择，你多保重。"

她对涛说："谢谢你对我的帮助和关心，但我现在真的不适合开始新的感情。我想安静一段时间，不希望有人打扰。希望你理解。"

之后，琪收拾好行李，辞了职，换掉了手机号码，离开了那座城市。踏上列车的那一刻，她顿时感到一阵轻松：原来，在不知如何抉择、深感沉重的时候，放手也是一种选择。她去了闺蜜所在的小镇，在那暂住了下来，说是疗伤也好，说是调整也罢，但她相信，有过这样一段沉淀的岁月之后，她才会看清楚未来的路，做出正确而无悔的抉择。

放手，不是无奈之举，而是一种观念的松绑。有时，死死地握着一些东西，并非真的理智，只是心里一股执念罢了。其实，真的放开了，会发现没什么大不了，反倒会换来一种解脱和轻松。

不要以为，放下一份苦心经营却无望的感情，从此就不会再爱了；放弃了一个深深感动自己的人，之后就不会再遇见如此专情之士了。也许，就在你放手之后，才知道新的生活会在绝望之处开出花来，那个对的人，也早已在路上等你。

不要以为，放下一份做得焦头烂额再无任何热情的工作，生活就会拮据得难以继续，可当你真的厌烦到走进办公室就感觉窒息时，你会发现，放下也是一种重生。停下来，休息休息，再上路时，又是焕然一新的风采。

人生，没有什么东西不能放下，也没有什么东西放下之后会断送所有。只有放得下，才能拿得起。尽量简化你的生活，你会发现那些被挡住的风景，才是最适宜的人生。

# 辗转流年，笑看风尘起落的人间

我们常质问别人为何不了解我，为何不接受我。一切，都是因为太重视我我我，变成自恋、自我中心，眼里只有自己，容不下别人。自我中心让我们变得紧张、情绪化，失去享受和分享生命的机会。要改变的，原是我们的心胸。生命的目的，不为成就自己，而是学习放下。

——素黑《好好修养爱》

患得患失的挣扎，几乎是每个女人都曾有过的感受。渴望拥有的东西，日思夜想，耗尽心力地去争取，生怕错过，蹉跎了岁月；握在手里的东西，紧紧地抓着，哪怕对自己来说已经不再有什么特别的意义，也不愿意放手，只因畏惧失去后的那份落寞。

如此过活，亦步亦趋，放不下的种种，渐渐成了心灵的负担，紧紧包裹着灵魂，动惮不得，如同给自己织了一张厚厚的网，困顿其中，找不到出口。

她说："我遭遇的人生第一场变故，是高考落榜。那时，整个人都崩溃了。我的成绩一向很稳定，不管是父母还是老师，都对我寄予厚望，觉得我能轻松考上一个重点大学。可成绩出来后，我自己都傻了，只够上一个二类院校。整整一个暑假，我都没出家门，我害怕别人问起我的成绩……正好赶上炎夏，天气也热，我两个多月的时间，掉了整整25斤，每天萎靡不振的，谁也劝不了。”

“后来，我的班主任亲自找到我，开解我。她是个刚毕业的年轻女孩，她跟我说，每个人都会遇到一些意想不到的变故。她大学毕业的前一年，母亲去世了，而她也放弃了考研的打算。当时的心情，比我还要沉重，至少高考还可以重新来过，可离开的母亲，却永远回不来了……”

“我听得心酸，就起身去给她倒了一杯水。她端着手里的杯子，问我这杯水有多重？我当时被惊住了，说不知道，大概50克吧！她说：‘是啊，不过50克左右的样子，轻而易举就端起来了。可是，你能拿多久呢？拿一分钟，我想每个人都没问题；拿一小时，可能会觉得手有点酸；拿一天，恐怕谁都受不了。’”

“当时我并没有领会她说的这番话，也就默不作声，没有接茬。没想到，她像朋友一样，敞开了心扉，跟我讲了她的许多经历，安慰我说：‘你已经折磨自己两个月了，再这么下去，你的精神压力就会变成那杯端在手里的水，越来越沉，把你压垮。况且，今年的成绩不满意，还可以重新来过，我相信你，也愿意帮你。只要，你肯放下心里的包袱。’”

之后，她轻装上阵，报了一家优秀的补习班，卷土重来。在复读的日子，她依然和过去的班主任保持联系，两个人之间的情谊，此时已经不太像师生，而更像是相知的朋友。她说：“我很感谢这位良师益友，在我18岁那年，教会了我最重要的一课。”

曾有人说，人生像一只皮箱，需要的时候提起，不需要的时候就要放下。该放下时若不放下，就像拖着重重的行李，不得自在。放下，简简单单的两个字，蕴含着无限的深意，置身于在万花筒般的世界，要真正做到放下，谈何容易？

相传，佛陀在世之际，一位黑指婆罗门来到佛的面前，手拿两只花瓶前来献礼。

佛陀对黑指婆罗门说：“放下！”黑指婆罗门听后，把左手的花瓶放到地上。

接着，佛陀又说：“放下！”这次，黑指婆罗门又将右手的花瓶放下。

不料，佛陀还是重复那一句：“放下！”

黑指婆罗门不免困惑了，说道：“我已经两手空空，没什么可放下了。您要我放下什么？”

佛陀说：“我没有让你放下手里的花瓶，我要你放下的，是你的六根、六尘和六识。你把这些统统都放下的时候，就会从生死的桎梏中解脱出来。”

不只是失去的东西需要放下，人生中的酸甜苦辣、成败得失、恩怨是非，都需要适时地放下。紧抓着不放，就如同套上了无形枷锁，心力交瘁。女人最强大的时候，并非是咬着牙坚持的时候，而是微笑着放下的时候。

商场如战场，好端端的公司，说解散就解散了。那段日子，陈小姐精神状态很差，四处求医。这家公司，是她一手经营起来的，之前每天忙忙碌碌，大事小事都由她操办着，日子过得也挺充实。

公司歇业后，债务暂且不说，最让她难过的是，似乎找不到自己的价值了。好强的心还在，却没有用武之地，想着昨天还在公司里跟下属们商议决策，安排工作，一眨眼的功夫，一切都变了，沮丧和落寞不言而喻。

丈夫劝慰她说：“要试着接受现在的生活，也要试着放平心态。不要总想着，辛苦打拼的一切都付之东流了。其实，这就是人生的一段经历，走到这个阶段，无论好与坏，都该放下。心里始终装着它，也于事无补，改变不了现状，还可能把现在的生活搞得一团糟。”

之后，丈夫开始陪着她四处散心，结识新朋友。虽然现在的她，还并未从失败的阴影里彻底走出来，可至少她每天能睡个安稳觉了，已经放下了许多解不开的纠结。偶尔，她会笑着说：“当我选择腾空双手，还有谁能够从我手中夺走什么？人在哀叹生活和命运的时候，总是忽略了最重要的两个字——放下。”

其实，功名利禄都是过眼云烟，能陪伴我们到终点的人和事，寥寥无几；而我们真正需要的东西，也是屈指可数。人生是一段接着一段的路，走过了一段风景，无论好坏，都要收拾好心情继续下一段行程。既是过客，就要携一颗从容淡泊的心，走过山重水复的流年，笑看风尘起落的人间。心若想得开，一切云淡风轻；心若放得下，一切安然无恙。

# 世上之人，没有谁可以堪称完美

有人问：一个女人是不是一定要有家，有孩子，有事业，才能叫完美？其实不是什么都要有才叫完美，我觉得真正完美的女人是：能够清楚地看到自己的不完美，并且能够接纳它：我没有伴侣的话，我就接纳自己没有伴侣的状态，但是我作为一个人我是完整的，这才叫作完美。

——张德芬

读中学时，A总是班里的第一，年级里的佼佼者，各科老师都喜欢她、重视她，说她肯定能考上好学校。在同学里，A也算是个热心肠的人，谁有不会的问题都问她，她也很大方，给同学耐心讲解，并不担心别人的成绩超过自己。

后来，A如愿考进一所重点高中，新环境、新同学给她带来了新鲜感，A自信满满，认定在这所学校读上三年，可以换来一张让自己满意、让父母增光的录取通知。可一个学期下来，A就失望了。老师依照成绩高低念了名字，前三名，前五名，前十五名，都没有她。

A心里沮丧极了，虽然没有人知道她读初中时的辉煌，可她脸上还是火辣辣的，想找个地缝钻进去，因为她无法面对自己。后来的日子，她奋起直追，到了高三那年，她又成了学校里的佼佼者，最后一切如他所愿。

大学的日子很精彩，却也很失落。她没有想到，原来大学里的“完美学生”不是都论成绩的，高考分数高的人多得是，多才多艺的人也不少。钢琴十级的，小提琴拉得炉火纯青的，全国跳舞比赛拿冠军的，全都出来了。那种心情，真的无法形容。

终于，她明白了。在一个封闭的环境里，你可以努力成为最好的那一个，但你绝不是完美的。走出那个圈子，看看外面的世界，你会知道什么叫“小巫见大巫”。

B是一家外贸公司的女职员。这家公司的女员工比较多，但她在这群人里算得上是美女，皮肤白皙，大眼睛，一头漆黑的长发，言谈举止都透露出一种端庄的美。私下里，追她的男同事也不少。要说有什么“缺憾”的话，唯一的不足就是她稍稍胖了点。追求完美的B，自然不能容忍这点阻碍自己向完美进军的障碍，她下定决心要减肥。

功夫不负有心人。两个月下来，B又成了办公室里的焦点，就连到公司的客户，甭管男女，也都喜欢多看她两眼。这位美女的虚荣心得到了极大的满足，毕竟在这个圈子里，论样貌、论身材、论才能，都是首屈一指的。在同事们的吹捧和调侃下，B欣然接受了“完美女人”的称号。

然而，B的这种满足感，在一次出国考察时，消失了。当时，她和领导参加的是一项重要会议，她也见识了更多能干的女强人，她们的干练、沉稳、美丽，深深打动了她，她突然觉得，自己的美就像萤火虫，而她们那种更富有底蕴和深邃的美却像一盏明灯，在她们面前，自己是如此的微弱。

那一刻，B也明白了，原来过去自认为的那种“完美”，太狭隘了，那只不过是跟圈内的几个人相比，显得出色一些，真的走入人群，才发现更“完美”的女人遍地都是。

C是公司里的“大红人”，老板离不开的好员工，能帮下属扛事的好主管。来了紧急重要的任务，老板第一个想到的人就是她，她也不辜负老板的器重，总能以完美的结果交差。公司来了新人，势必也得在C这里锤炼锤炼，关于如何培训新人，提高员工的积极性，她有自己的一套办法。公司不大，可为她提供的平台也不小，几年之后，她的很多作品都被业界很多人知晓。

人往高处走，水往低处流。看到自己做出了如此完美的业绩，C的心有点不安分了，觉得公司再没有发展的前途了，她完全有能力到更大的公司里做“一把手”。辞职之后，她开始朝着新目标前进。每次面试的时候，她会把自己的所有优势展现出来，让对方感觉到自己的信心，当然也希望对方看到自己是多么地“完美”和不可多得。

C如愿地进入一家业界有名的大公司，她想着在这里大展拳脚。可刚刚上任，就碰了一鼻子灰。公司有能力的不止她一个，有名的大公司自然更少不了有名的行家，她自以为拿得出去的作品，在这里遭到了反反复复地退回修改；她从前对下属的种种苛求，在这里被其他人如数地还了回来。虽然心有不甘，可再看到别人完成那些设计，差距不是一般的大。

那一刻，C彻底醒悟了。原来，过去所谓的“完美”，只是自以为是，在一个小小的舞台上，唯有你自己时，或许你可以称之为出色的表演者。可充满诱惑的舞台就不同了，多少人想站在上面一展风采，做最出众的那一个。自己和行家比，也只是初出茅庐，纵然站到了上面，也只是一个配角而已。想要做完美的主角，那还需要时间和经历的磨练。

或许，她们的故事，也是你的故事。人，只能够与自己的过去比较，却不能跟他人比较。纵然这一刻你赢了，可下一刻你有可能就是输者。在这个世界上，没有哪个人是堪称完美的，我们可以把完美的自我作为最终追求的目的，但是别把它当成最终要达到的效果。

不完美，贯穿了漫长的人生路，无论你走到哪一段，都不可避免地会与之相遇。你若非把它抱在怀里，时刻堵着自己的心窝，那没有人可以阻止。当然，你还有另外的选择，那就是任它在那里待着，不去理会，继续走你的路。选择后者的你会惊喜地发现：放下完美，人生会更美。

## 得不到的莫强求，洒脱地挥挥手

人有时很残忍。你越害怕衰老，偏就有人要拿高倍照相机拍你的脸。放松心情，做优雅慈祥的老人其实可以是很美的一件事，女人不只有青春才漂亮。当然，青春最吸引人，可我们已经抓不住了就得放手，反正你其实已经有过了。谁也别妒忌或笑话谁，任谁都会老去，时间顶公平。

——宋丹丹

曾几何时，乔羽幻想过会遇见这样一个人：他高大阳光、风趣幽默、谈吐阔气……没想到，昔日的痴梦，竟有一天成了真。他的出现如同一盏明灯，点亮了她的整个世界，让她的生活变得不再黯淡，充满了希望。

可是，就像人们说的那样，每个女人都渴望遇到王子，遇到完美情人，一旦真的遇到了，却又开始嫌自己不够好。也许是因为自卑，也许是太过在意，乔羽只是在心里翻江倒海地想着他，念着他，却始终不敢把这份爱说出口。

在他面前，乔羽觉得自己像是一粒尘埃，那么卑微，那么渺小。以至于，她始终用一种仰望的姿态看着他。抑或，不是她卑微，是她爱得卑微吧！

他对乔羽，一直都是平平淡淡，甚至还有点忽冷忽热。偶尔，他们像知己，无所不谈；偶尔，又像是陌路，没有交集。最美好的岁月，就是一起聊聊彼此的梦想，在相互鼓励中走过了一段不长不短的路。但不管怎么看，乔羽都觉得两个人像射线，一个向上，一个向前，都在奔往美好的前方，却不是同一个方向。

结识他以后，乔羽的内心受到了潜移默化的影响，人也变得开朗自信了。只可惜，她在人前的那份骄傲和自信，放置在他跟前，就缩成了一盏微弱的烛光，发不出万丈光芒。

为了追求理想，他远赴重洋。临行前，他们一起吃了顿饭。乔羽尽量让自己保持平静的姿态，他也丝毫没看出她的不舍与不安，反倒对她说："也许，会在未来的某一个时刻，遇见和自己一样的人。"乔羽笑笑，心里却是一阵酸楚。

半年后，这句话果然应验了。他遇到了心仪的另一半，两个人看起来那么般配，他高大帅气，她宛若邻家女孩。乔羽就像一场电影的旁观者，看着主人公演绎着自己的人生故事，沉浸在喜怒哀乐中，自己的心情也随之起伏。只是，这所有的感受，唯有她自己清楚。

难过吗？遗憾吗？不。其实，乔羽心里早就明白，她和他是两个世界的人。凭借女人的第六感，她深知自己不是他喜欢的类型，他对她也从未有过爱恋的感觉，更要紧的是，他们的家庭背影相差甚远，两人性格也不相容。理智而清醒的乔羽，不想去冒险。她知道，若坦白了内心的情感，失去的不只是爱情，还有友情。

世人常说：既然无法终身厮守，不如就干脆地放下。这样的话，乔羽听过无数次了，倘若真的说放就放，也许爱情就不会教人生死相许了。她心里依然恋着和他一同走过的那些日子，希望他还可以给自己安慰、温暖和鼓励，纵然不是情爱，只是陪伴，她也心满意足。可是，爱情终究是自私的，他的世界里已经有了重要的另一半，哪里还记得起乔羽呢？乔羽也一样，心里最重要的地方给了他，哪里还容得下别人呢？那些对她频频示好的人，站在她面前，她视若空气。

直到那天，乔羽独自在海边漫步。一个小女孩跟妈妈在沙滩上嬉戏，小女孩拎着一个小水桶，用手往里面装沙子。也许是太想把小桶装满了，小女孩用力地去抓那些沙子，紧紧握在手里，可越是这样，沙子漏得越快。小女孩摆弄了一会儿，有点着急了。

小女孩的妈妈在一旁看着，并未上前帮忙。看着女儿心急如焚的样子，她摇摇头，对女儿说："孩子，不要用力去握那些沙子，你是抓不住它的。你握得越紧，它就流下得越快，全都从你的指缝里溜走啦！"

"那该怎么办呢？我想给小桶装满沙子。"小女孩天真地问。

"用这个吧！"妈妈从包里掏出一张纸，做成一个蛋卷似的小纸筒，然后用它来当铲子，帮女儿一起装沙子。很快，小桶就被装满了，小女孩儿笑成了一朵花。

乔羽看着眼前的一幕，心中感慨颇多：难以割舍的感情就像那流沙，为了握不住的沙，固执地坚持，让自己陷入痛苦的泥潭，实在可悲，实在徒劳。就算有一天，他明白了自己的这份痴心，那又如何呢？他真的会了解吗？就算了解了，又会领受吗？所有的一切，不过是自己的一厢情愿罢了。

离开海边的时候，她心里略感轻松。原来，当一份爱无法变成相爱，它就是残缺的。真正的云淡风轻，不是明白两个人不适合便不去开始，而是明白两个人不适合就放下，不纠结、不缠绕。

只有放下，才会有新的驿站。当你潇洒地松开手，放开昨日的一切，也许幸福就在不远的地方向你招手。

# 选择原谅别人，其实是善待自己

仇恨和爱，你选什么？聪明人当然选爱啦！与其想着去报仇，又或是日夜怀疑有人害你，不如向宇宙祈求更多爱，相信宇宙好爱你，然后在日常生活中接触更多爱，让自己被爱包围。放下恨意恐惧和负面思想，把所有悲愤交给上天，别再被无聊的人和事打扰。你好好地活，就是王道。

——深雪zita

在热带的海洋里，生活着一种奇特的紫斑鱼，它浑身长满了针尖似的毒刺。它的特别之处，就在于这些毒刺：当它对其他鱼类展开攻击的时候，就像是带着仇恨一般，异常愤怒。此时，它身上的刺也会变得无比坚硬，且毒性大增。可想而知，那些受攻击的鱼类，要遭受多大的伤害。

从生理机能上看，紫斑鱼的寿命应该只有七八年。可现实中的紫斑鱼，往往活不过两年就死去了。短寿的罪魁祸首，依然是它的毒刺。它越是愤怒，越是满怀仇恨，毒刺攻击得越狠，对自己的伤害也就越深。这种愤恨的怒火，让它的五脏六腑跟着一起灼烧，在烧毁别人的同时，也毁了自己。

转念想想：世间万物，被自己所伤、被自己所困、被自己所毁的，又岂止是紫斑鱼呢？很多时候，人也一样会作茧自缚。

自打依娜记事起，母亲在她心里就只是一个概念性的词语，她从来不知道母亲长什么样，也没有享受过母爱。多年来，父亲在外打工，她一直跟随奶奶和姑姑生活。待姑姑出嫁后，家里就只剩下奶奶和她一老一小相依为命。

年龄大一些之后，依娜懂事了，得知在她两岁的时候，母亲提出和父亲离婚，就再没有回来过。看着周围的孩子都有父母，依娜羡慕不已，一有空她就向奶奶打听有关母亲的事。奶奶支支吾吾，似乎也不愿意多说，只说她母亲去外地了。

等依娜成年了，姑姑告诉了她实情。原来，母亲离婚后，并没有去外地，还在这个城市里，只是改嫁了，有了新的家庭。依娜对母亲没什么印象，可心里却有极大的不满，只是这种情绪一直被压抑着，没有人知道。

待她要出嫁时，母亲突然出现了，还给她送了一份厚重的嫁妆。看着眼前那个陌生的女人，她不敢相信，那就是她曾在脑海里勾勒过无数次却又怨恨了多年的母亲。那天晚上，她把眼睛哭成了桃子，对陪伴在身边的姑姑说："为什么要这样？她既然走了，干嘛还要回来？偏偏在这个时候回来？究竟是对我好，还是故意让我难受？她不是有新家了吗？还回来做什么……"一连串的问题，断断续续地从她的口里迸出。

姑姑抱着她，安慰道："别哭了，孩子。明天你就要做新娘了，眼睛可不能红肿着。不管她做了什么，她始终都是你妈妈，给了你生命。你应该原谅她，感谢她。当年，她身体不好，家里的条件又不富裕，她不愿意拖累你爸爸，主动提出了离婚。后来，她遇到了现在的爱人，那男人待她不错，给她出钱看病……你要相信，天底下没有不爱孩子的母亲，她只是有自己的苦衷，不便说出来。"

"可是……她考虑过我的感受吗？"依娜脸上挂着泪，质问着。

"依娜，你的心结就像一粒种子，你不把它挪走，它就会生根发芽，迟早有一天会占满你的心，夺走你所有的快乐。你就要有自己的家庭了，也许不久之后，还会有自己的孩子，你要学会理解和接受别人，哪怕那个人曾经伤害了你，你也要试着放下怨恨，原谅她。因为，是她让你体会到了人生的苦，让你成长成熟。”

依娜没有再说话，那一整晚，她也没有合眼。姑姑的话，似乎让她明白了一些什么，压抑的心情也在倾诉和哭泣之后，得到了些许的释放。第二天早上，在化妆师的精心打扮下，她做了最美的新娘。

敞篷的婚车行走在路上时，她猛然发现，路边的花已经盛放了，像是带着微笑。这条路，她走过许多遍，却从来没有这样细细欣赏过，因为从前的心一直纠结在怨怼中，把所有的美好都忽略了。闻着花香，披着白纱，跟最爱的人一起，携手共进，她觉得幸福极了。对母亲，那颗原本压抑着嗔怨的石头，也终于落了地。原来，原谅别人，解脱的是自己。

记得女作家张小娴说过：“被恨的人，是没有痛苦的。去恨的人，却是伤痕累累。”

不肯放下心中的仇恨，是对自己的不负责任，这份恨意会让生活陷入黑暗，会让心灵陷入迷途。女人这一生要经历很多事，要牵挂很多人，要扮演多种角色，太不容易。生活本已够累，若在精神上还不懂得善待自己，释放心灵，实则是苦了自己。

要学会感恩生命中的所有，哪怕是你看不惯的人，或是给你带来伤害的人，谢谢他们的存在，让你的世界变得丰富多彩，让你体会到了生活的不同滋味。抛却怨恨，凝神体会生活中的那些美好，如此你的灵魂自会轻叹一声“谢谢”，你的内心自会充满喜悦与感恩。

要排除怨恨的情绪，就得学会慢慢地接受现实，从心底理解和原谅他人。如此，怨恨才会随着时间的推移逐渐淡去。当女人放下了怨恨，才不会再受负面情绪的困扰，才能变得平和、安详，积极向上、充满阳光地生活，并从内心深处散发出优雅和坚强。

## 错过的，未必真有想象得那么好

冥冥中已命中注定，当一切都随风而逝，我们还能说什么做什么，在现实面前，梦想总那么脆弱无力。错过的都已错过，失去的都已失去，生命中还有许多未知的苦难和甜美，值得我们坚持等待和珍惜，毕竟明天又是新的一天。

——玛格丽特·米切尔《飘》

“我对你永难忘，我对你情意真，直到海枯石烂，难忘的初恋情人……”多年前，邓丽君的这首《难忘的初恋情人》红遍了大街小巷，让无数人在脑海里勾勒出昔年初恋情人的模样，引发他们对逝去爱情的深深怀念。

有一位气质型美女，文笔出众，才华横溢。生活中，她也是个“讲究”的女人，不管什么时候到她的住所，永远都是干净整洁，此外，还能做一桌拿手的好饭菜。为此，周围不少男孩都青睐于他，纷纷展开追求。可惜，年过30的她似乎从未对那些追求者动过心，任他们如何献殷勤，如何展现温柔体贴，她都不为所动，而后委婉谢绝。

事实上，不是她不想恋爱，而是她过不了心理上的那一关。读大学的时候，她曾经交往过一个男朋友，那是她的初恋。对方是一位非常优秀的男孩，本身学的是英语专业，能说一口流利的英文，同时也是学校里的文艺分子，还担任着学生会的干事。俩人的感情很好，只可惜天妒英才，在临近毕业的那一年，男孩在回老家的途中遭遇了车祸，永远地离开了这个世界，离开了她。这件事给她的打击太大，她根本接受不了。得知这个消息后，整个人都崩溃了，过了大概半年左右，才稍微振作一些。

如今，那件事已经过去整整十年了。尽管这些年她的周围也出现过很多不错的男孩，可在她心里，谁也无法跟那个离开人世的男友相提并论，她总在想："如果他还活着，一定有大好的前程；他的性格那么好，我们很合得来，我不敢保证还有人能比他更适合我；如果他还活着，我们现在已经……"

或许，溜掉的鱼儿总是最美的，错过的电影总是最好看的，得不到的恋人总是最难忘的。很多人在为她的痴情所感动的同时，也不禁在想：她的故事虽是个案，但像她一样始终忘不掉错过的旧爱的人，却不计其数。

究竟那个得不到的人，有没有那么好？值不值得用一生的幸福去怀念？

西方心理学家契可尼通过试验，给出这样的答案：一般对已完成的、已有结果的事情极易忘怀，而对中断了的、未完成的、未达目标的事情却总是记忆犹新。这种现象就叫作"契可尼效应"。

很多人的初恋都没能开花结果，成为上面所说的"未能完成的"、"中断了的"的事情，结果深深地印在了人们的脑海，终生难以忘却。因为没有真实地体验过那种得到的感受，就把没有得到的东西完美化，无限地扩大他们的美好。事实上，他们的很多"好"，都是我们人为想象出来的，因为没有得到，想象的空间是无限的，可以预计无数种可能，所以他们才必然是美好的。

除了爱情，生活中还有很多类似符合契可尼效应的现象。比如，买衣服时你原本看好了的那一件，被别人抢先买走了，而那又是限量版，你心里可能会很失落，纵然店家另外给你推荐再好的、再漂亮的、再优惠的，你都没心思看；两样东西让你只能选择一个，不管选了哪个，回去之后你都会不自觉地想起另外一个，总觉得有那么点“遗憾”，因为你没得到它。

越是得不到，越是想得到，这是人普遍都存在的心理。似乎，所有的美好都在“山那边”，身在近处，想念远处；身在此岸，向往彼岸。然而，那些我们千方百计想要得到的，甚至费尽心力终于得到的，真有那么好吗?

有这样一个故事：动物园里，饲养员喂猴子时，不把食物放在它们够得着的地方，而是放进树洞里。猴子们想尽办法去“够”树洞里的食物，最后学会了用树枝把食物从树洞里弄出来。饲养员说，那些其实并不是什么好东西。

我们又何尝不是如此？常常忽视身边的东西，唯有那些和自己有点距离的，需要踮起脚尖才能够到的，甚至望尘莫及的，才让我们心动不已。殊不知，得到的也未必就那么好，摆在自己眼前的也未必有那么不堪。

可惜的是，如果只顾看着远方遥不可及的海市蜃楼，就会白白错过近在咫尺的良辰美景。况且，一味地去“够”那些跟自己有一定距离的东西，会让我们付出代价，这种代价可能是时间、精力、健康、财富、自尊、爱情，等等。纵然这一秒得到了，下一秒可能还会有自己贪恋的，于是舍弃手里的，再去追逐新的，什么时候才能停下来呢?

老一辈的人常说：别人碗里的饭总是香的。话语粗糙，可道理不假。如果此刻的你还在纠结和郁闷中，那你真的有必要暂时从望尘莫及、追悔不已、或怀念过去中走出来了，看看周围那些爱你的家人朋友，数数自己生活中已经拥有的东西，想想自己此刻还能做点什么力所能及的事，也许你的心会变得宽阔一些。

对于那些不可能得到的东西，别总想着变为可能。生命是有限的，为了想象中的完美事物浪费精力，放弃当下，实在太可惜。认命而不宿命，其实也是一种智慧。

# 无论美好或残缺，都留给曾经吧

一个人一生的经历阅历，比任何财富都有意思，因为世界上太多好看好听好玩的事。钱能搞定的事，恐怕并不是什么难事，难的是心怎么能搞定。见世面、经风雨，并不是仅仅为了钱，而是为了人生多点彩，心里多点踏实。

——王亚非

人生，犹如一场奇幻旅行。时而，会有火红耀眼的光芒，把人推向璀璨的巅峰；时而，又像是陷入了寒冷的冰川，让人感觉冷暗萧条。若论哪一种经历才算得上精彩，并无定论，因为生活全在于经历，所有的经历在迟暮之年回首时，都会变成一种财富。

然而，女人有一种与生俱来的敏感特质，思绪往往会停留在某一片刻，乐意享受其美好，遇到残缺和痛苦，就容易被牵绊。殊不知，如果放开这一切，随性而活，能在美好与残缺之间做到泰然自若，那么人生随时都可以是耀眼的篇章。

辛迪是某家航空公司的空姐，身材面容虽算不上完美，走在人群中却也是一抹风景，身边的追求者络绎不绝，她却始终单身，称那都不是自己想要的人。为此，有人说她高傲，眼光高，对此她只是笑笑，很少理会。

一次偶然的机会，她在飞机上认识了事业有成的他。没想到，两个人竟一见钟情了。很快，他们就走进了婚姻的殿堂。他们的花园婚礼很清新，很别致，阳光穿过她的头纱，她在众人的祝福中走向了他，很美。

这场婚礼，打动了在场的许多友人。新娘是漂亮的空姐，新郎是名利双收的年轻俊才，这样的组合像极了韩版的偶像剧。不少同龄的女子都向她投去了羡慕的眼光，说她嫁了一个好男人，实在是好运气；不少同龄的男子也纷纷跟他开玩笑，说他有福气，娶了一个温柔漂亮又会赚钱的妻子。面对友人们“酸溜溜”的调侃，她表现得很平静，因为她知道，婚姻和幸福不是一场盛大的婚礼，也不是一放而过的烟花，只为一时的绚烂。今后的路，还很长。

婚后的她，工作依然繁忙，但她还是尽量做一个合格的妻子。稍有空闲，她会为他煲汤，调理身体；为他放好洗澡水，帮他洗衣服、打理文件，做好她该做的一切。一周年纪念那天，他送了她一辆车。面对这份厚礼，她的朋友和同事似乎比她更兴奋，可她的心思却不在礼物上，她隐约地觉得，他已经不是从前的他了。因为工作原因，她无法经常陪伴在他身边，而他对她的新鲜感，也已经丧失了。

结婚两年零三个月，她提出了离婚。这段曾经轰轰烈烈、浪漫纯粹、惹得众人眼红的爱情，就这样悄无声息地结束了。一些同事在背后窃窃私语，说她当初就是为了钱结婚的，说他当年就是看上了她的姿色，如今新鲜劲儿过了，就过不下去了。不只是同事，就连曾经给自己送来祝福的朋友，也都成了后知后觉的“聪明人”，说当初没好意思说，她太鲁莽了，不该轻信那个男人，等等。

就如当年在婚礼上被人羡慕、被人捧着的时候一样，面对流言蜚语和无情的打击，她表现得依然很平静，只是平静里还多了一份坚强。她觉得，这场婚姻不是错，当初的选择也没有错，他们彼此深深地爱过，也曾给过彼此最真的心，这比什么都重要。

如今，一切都结束了。无论美好，还是残缺，都是人生的一部分，无法抹去，无法逃避，唯有坦然地接受。与此同时，她更觉得，生活需要向前看，好与不好都留给曾经，未来的路，还要义无反顾地走下去。

生活中有许多东西是可遇而不可求的，就像那场邂逅的爱情。然而，谁也不能保证一段情能够走多远，一段婚姻能够永远不出现意外。当生活出现意外，甚至要失去某种东西的时候，曾经的荣耀和美好顿时变成了失意和落寞，女人不必太过悲伤。因为，正如徐志摩所说的那样："得之我幸，不得我命，如此而已。"不属于你的，永远也不会属于你；你想真正得到你所珍惜的东西，最好顺其自然，如果它微笑着翩然而至，它就会永远属于你；如果它无意降临，你又何必死死抓住不放呢?

真正出色而富有的女人，未必拥有多大的成就，也未必在物质上胜人一筹，但她永远掌控着生命的钥匙，心灵充满了正面的能量。无论外界环境如何变化，她都能保持一颗平和的心，不急不躁、不怨不艾，这是她最难能可贵的修养与气质。就算走到了低谷，也不会露出畏惧生活的神色，更不会变得斤斤计较、悲天悯人。生活对她笑也好，对她露出狰狞的表情也罢，她都会回应一个浅浅的微笑，努力去适应、去改变，不让岁月侵袭那颗自在的心。

看淡美好繁华，看开残缺低谷，这是经历了万千风雨之后的大彻大悟，也是领略了人生的峰回路转之后的空灵，也是一种幽幽暗暗、反反复复追问之后的抉择。试着让一些事情顺其自然，你会发现你的内心会渐渐晴朗，而思想的负担也会随之减轻许多；也只有这样，才能够成为一个荣辱不惊的坚强女人。

# 若爱，请深爱；如弃，请彻底

在分手问题上，大多数男人表现得很直接，不爱了就是不爱了，分得快断得也干净；而大多数女人分得慢走出来得也慢，即便是不爱了，也不愿意快刀斩乱麻，总觉得那样做太冷血。其实，男人和女人在分手问题上没有本质区别，只是表现形式不同而已。不爱就让爱自由，不强求亦无须挽留。

——鸿水

在爱情的世界里炽热轰烈的爱，撕心裂肺的诀别，每天都在上演，算不得稀奇。最痛心、最无奈的是，夹在爱与不爱之间、说不清道不明的情感——暧昧。

当年，杨丞琳一首《暧昧》曾经唱出了许多人的心声："暧昧让人受尽委屈，找不到相爱的证据，何时该前进，何时该放弃，连拥抱都没有勇气……超过了友情，还不到爱情……"字字句句中都透着心酸和委屈，这种情愫，不是爱情萌芽之初时的那份朦胧的爱，而更像是一方痴心绝对，一方含糊其辞，陷入感情僵局的尴尬之中。为爱倾尽所有的人，在得不到回应的时候，进退两难，尽是犹豫和挣扎。

女人都明白，暧昧的滋味并不好受，可当自己游走在爱情边缘的时候，往往还是会在不经意间扮演那个主导暧昧的角色。明明不是那么爱他，却不知如何拒绝，害怕他的一腔热情被冰冷的拒绝浇灭；亦或是，自己根本不想拒绝，一颗脆弱的心，渴望被人呵护、被人关爱，很享受那份被牵挂的温暖。

认识他，纯属是一场意外。

那年秋天，她失恋了，每天习惯性地泡在论坛上，默默地看别人的故事，写自己的心情。她的文字，总是带着淡淡的忧伤，从她发表第一篇故事开始，他就注意到了她。因为，她和他在同一座城市。

他从未主动给她发过私信，却总会在她发表每一篇文章之后，抢占沙发的位子，回应她的心声。渐渐地，她的心像是找到了依托，因为这个世界上还有人愿意倾听她、安慰她。

也许是出于好奇，也许是出于感动，她发了私信给他，内容是9个数字。很快，她的QQ来了验证消息，是他。他们开始你一言我一语地聊着，没有问彼此的姓名，只是像熟识的老朋友一样，天南海北地聊着。后来，他们互留了电话。

那是她生命中最难熬的一段日子，挂着眼泪醒来，带着眼泪睡去。她还忘不了，那个曾在深夜的广场里背着她行走的男孩，忘不了他们一同去过的地方，一起许下的心愿。可她更没想到，在临近毕业的时候，他竟然背叛了这份感情，和他的女同乡去了另一座城市。

无数次，她咒骂自己太蠢，明明一切都结束了，明明他已经离开了，自己却还不肯死心。被分手的不甘和屈辱，时刻搅动着她高傲的心，她不愿跟谁讲话，也不想当着谁的面哭，唯一的发泄渠道，就只是把心情化作文字，敲打在屏幕上，无声地说给懂的人听。

机缘巧合，她遇见了他。25岁的他，在感情的路上也是跌跌撞撞，遭遇了N次“被分手”的结局。对于她的心情，他深有体会。当然，他的故事不只是分分合合那么简单，更带着一抹戏剧性的味道。之所以“被分手”，是因为他年少时右眼受过伤，至今看起来还有点外斜，曾经交往过的女友，起初都说不介意，看中了他人品好，可到最后，给出的分手理由，却一个比一个荒唐。他，每一次掏心掏肺地对别人，却逃不过命运的劫数。不过，他经历的一切，从未向她说过。他知道，她现在需要的，只是一个听众，一个能够给她足够空间和时间的人。

渐渐地，网络拉近了他们之间的关系。他发觉，她是用情至深之人，这一点着实打动了他，他对她不再只是朋友的关心，还有一种爱恋在其中，虽不那么明显，言辞之间却也透着淡淡的情意。

一个飘雪的日子，他们相约在某公园门口见面。她皮肤白皙，五官清秀，站在那儿像一株淡淡的木棉花。他和她谈美食、谈旅行、谈工作。在公园门口的咖啡店望着窗外飞舞的雪花，场景是那么浪漫，可她无心享受，她心里想的还是那个离开的人。

和他认识的这三个月，她不是一点儿好感都没有。只是，好感多半是感激，还有一部分是因为内心的痛苦和无助。在她最需要温暖的时候，他恰恰弥补了这个缺口。她也曾幻想过，如果他看起来就像离开的前男友，也许真的是上天对她的眷顾。可现实跟她开了玩笑，他完全不是她想象中的样子，也不是她喜欢的类型。

她知道，她和他是不可能有可能的。他不知道她的心思，他以为付出总有回报，终有一天她会被感动。他向她婉转地表白了，她的回答是，我心里住着一个人，没有位置。他说可以等，她便没再多说。

之后，她对他的态度，一直冷冷淡淡。唯有心里难过的时候，才想起给他发一条消息。他从不厌烦，总在第一时间回复她的消息。她承认，她贪恋着他给的安慰，他给的包容，她想过从此消失在他的生命里，让他去寻找真正适合的人，可她没那么做。他们之间的关系，既不像朋友，也不像恋人，时而联络得频繁，时而互不相干。

偶然的一天，身边的室友兼闺蜜想给她介绍男友，但在介绍之前，却提到了她和他的关系："如果你不爱他，就不要再跟他联络了。别因为贪恋着他对你的好，享受着他对你的喜欢，就抻着别人。对他来说，这是一种最大的伤害。”

她知道，室友是性情中人，心里没有怪她。更何况，她说的字字句句都是实情，她有什么可怪罪她的呢？从头到尾，错的人都是她。她从未真心喜欢过他，可是为了弥补感情的空白，她还是自私地霸占了他的爱。

她的心，忽然痛了起来，觉得自己好残忍，好自私。她拿出手机，给他发了一条短信：对不起，再见。从此，她没有再跟他联络，而他也彻底消失在她的世界里。这场没有开始就结束的暧昧，让她完全明白一件事：感情，真的不可以滥用。在爱与不爱间纠缠，最是伤人。

每个女人都有追求爱情、选择伴侣的权利，但也要理智地控制自己的心。不要败给寂寞，不要输给渴求温暖的贪念，要爱就深爱，不爱就离开，不犹豫、坦坦荡荡。也许，在感情的空白期会有些许的孤单和冷清，但那是对爱的珍惜，也是对自己和他人的尊重。

# 人生圆满的事太少，不能什么都想要

爱不是将对方理想化，每一个货真价实的情人都知道，假如你真的爱上一个人，你不会理想化他。爱意味着，你接受某个人的失败、愚蠢、丑态，然后这个人对你来说依然是绝对的……这人令你觉得，人生值得活下去。你在不完美中看到了完美，这就是我们爱这个世界的方式。

——斯拉沃热·齐泽克

有个女大学生，看到班里某男生外表、品行和才华都不错，就主动展开追求，不久两个人开始交往。论个人条件，男生没什么可挑剔的，唯一美中不足的是男生来自农村，没什么家底。女孩一直生长在城市，父母自然希望她能找一个本市的城市男生，至少这样结婚的时候不用发愁没房子住。依照现在的房价来看，要她和那个农村男生毕业之后买房子，恐怕不是一时间能办到的事。

临近毕业，女孩心里很挣扎，到底要不要继续这段感情？分手，心里舍不得；不分手，可现实摆在眼前，况且自己也不希望日后在一个租住的房子里结婚。她把自己心里的纠结，告诉了与自己关系甚好的女导师。

女导师听了她的讲述，笑了笑说："谁都希望自己的选择是完美的。选妻子，希望她温柔贤惠、小鸟依人，也希望她独立大方，能够上得厅堂下得厨房。选丈夫，希望他人品好、外表好、性格好、赚钱多，还要有情调，对自己忠诚不渝，多点时间陪自己。选工作，待遇好的盼望轻松点，轻松点的又希望离家近，离家近的还想着有升职空间，有升职空间的还盼着竞争别太激烈……这些条件对我们来说都是很重要的，少一个都跟割了肉一样难受，不知道该如何取舍，对不对？”

听完导师的话，女生感觉找到了“知音”，叹了一口气说：“可能是我们太追求完美了！”

导师接着说：“没错，是完美主义惹的祸。但你想想，隐藏在这种完美主义背后的是什么？不正是贪心吗？我们什么都想要，什么都不想放手，所以才觉得痛苦。如果你的男朋友家家境很好，没准你就不会看到他今天独立自强、努力上进的一面了，也欣赏不到他所谓的才华。

“当然，也不排除很多家境好的人同样上进、人品好，长相也不错，可那个时候，我们是不是又会想，他要是再多情一点就更好了！世间或许存在这样的完美男人，可即便真的存在，他凭什么又会选择我们呢？在感情的问题上，谁也无法帮你做一个绝对正确的选择，你唯有问问自己的心，最看重的是什么？然后，自行取舍。”

曾经有一个问题困住了许多人：

暴风雨之夜，你开车经过某车站，发现站台上有三个人在等巴士，其中一个是奄奄一息的老妇人，一个是曾经救过你命的医生，还有一个是你长久以来的梦中情人。如果你只能带他们其中一人走，你会选择谁？答案众说纷纭，很多人都只选择了其中唯一一个选项。事实上，最好的答案是：“你把车钥匙交给医生，让医生带老人去医院，然后你和你的梦中情人一起等巴士。”

人生在世，太多东西要去面对、去追求、去选择、去割舍，鱼与熊掌能够兼得的事情少之又少。上帝赐予你了一件东西，肯定会从你身边拿走另外一样。有时，我们就是不肯放弃那把车钥匙，不肯放弃一些固执、限制或利益，本质里的那份贪心，常常蒙蔽了真心，让自己困顿其中。可惜，世间哪儿有如此完美的事，我们往往只能在某一时刻选择一样东西。

有些动物遭遇厄运时，会做出一些出人意料的举动。壁虎在被追赶的紧急关头，会留下一节自己的尾巴，吸引猎取者的注意；有的猛兽被猎人的夹子夹住腿时，会咬断自己的腿，一跛一跛地逃命。这些事看起来是有点令人诧异，可也凸显了放弃背后的智慧。若它们贪心地想要保全自己，又想脱离苦海，最后的结局只会更惨。

生活中最愚蠢的行为不是放弃了什么，而是执着于太多东西。太多人之所以举步维艰，也是因为背负太重，之所以背负太重，就是因为从未懂得放弃。殊不知，人生中完美的事太少，我们不能什么都想要。记得某位诗人曾经说过一段话："要想采一束清新的鲜花，就得放弃城市的舒适；要想做一名登山健儿，就得放弃白嫩的肤色；要想穿越沙漠，就得放弃咖啡和可乐；要想拥有永远的掌声，就得放弃眼前的虚荣。"

当然，放弃也不是一件容易的事，你放弃的那一刻，就意味着付出、意味着失去、意味着有些事不再如你想得那般完整。但是别忘了，人生的充实不只在于不断地追求和拥有，放弃也是生活的一部分，很多事都是在经历之后，才让我们慢慢认识自己。

放弃是对人生的透彻洞悉和睿智决断，对任何人而言，放弃都是一个痛苦的过程，但若不放弃，想拥有一切，最终只能一无所有。就像电影《卧虎藏龙》里说的那样："当你紧握双手，里面什么也没有；当你打开双手，世界就在你手中。"

在这个充满诱惑的世界里，唯有内心足够强大的女人，才能够永远“像自己”一样活着。她可以穿透流言飞语，遵循自己的内心做选择，不随波逐流也无须任何掩饰。这样的女人，也许不那么完美，也许会有点儿偏执，可她的倔强和坚定，却也是另一种风采。

# 辑六

## 固守着内心的那份坚定，才是真正的强大

# 经得住诱惑，才守得住繁华

生活带给我们的诱惑与选择越来越多，而你若只是因为大家选择了而跟风去做，便会失去自我的判断。所谓有选择的生活，就是你懂得放弃一些不适合自己的或者容易令自己不快的；而选择一些更简单的、符合自己心性的。这叫跟着自己的感觉走。

——杨昌溢

张爱玲曾写过这样一段话："她不诱惑，也不受诱，如她在人生的盛宴里，不醉，也不劝人醉。她知道生命的甘味，在于浅尝辄止。而令来自花朵的啤酒，结出最丑陋剧毒果实的，是无尽的贪杯。"

这番话，无论置身于过去、现在还是将来，都是给女人最好的忠告。这个世界灯红酒绿，新鲜刺激的事物层出不穷，温暖美好的感觉总能让女人情不自禁地心动，难以冷静地拒绝。诱惑，永远穿着一件美丽的衣裳，散发着独特的香气，令你神往，可鲜少有女人知道，那其实是开在心底的罂粟，你若只看它色泽艳丽、花香袭人，一旦沾染了，就会跌入万劫不复的深渊，再无法回到最初。

风靡一时的宫廷小说《甄嬛传》，淋漓尽致地展现了众多女人可悲可叹的一生。其中，给人印象最为深刻的，也许不是主人公甄嬛，而是那个出身不高、看似小鸟依人，却在名利富贵中迷失自我，最终伤人伤己的安陵容。

安陵容是一个小县丞之女，在选秀之际，站在诸多佳丽之间，她是那么地不起眼。衣着寒酸，眉宇间透露着些许的不安和羞涩，还在不经意间冲撞了夏家千金，惹来一阵羞辱。幸好，有甄嬛为其解围，看她的装扮过于素简，便在她的耳鬓之处插了一支海棠。结果，这支海棠博得了皇帝的眼球，安陵容得以入宫。

此时的安陵容，内心还是纯善的，对甄嬛与眉庄有着一丝姐妹情谊。可是，宫里的日子太难熬，这不是“得一人心便可终老”的地方。家世显赫的华妃刁钻跋扈，阴狠的皇后城府颇深，安陵容没有家世背景可依靠，没有出众的容貌得圣恩，她有的只是寒微的出身和不起眼的“答应”之位，就连势力的宫女太监都对她横眉冷对、不屑一顾。

她的转变，是从父亲出事开始的。当时，她求助于正得宠的眉庄，可眉庄顾及左右没有直接给予帮助，无奈之下，她只得投奔皇后。皇后为了拉拢她作为日后的棋子，便施以援手。安陵容的心，开始倾向于皇后，或者说，开始倾向于权力。

真正与甄嬛和眉庄决裂，还是因为她命令总领太监用残忍的手段料理了毒害甄嬛的余莺儿，眉庄无心说了一句她心狠，她便从此介怀于心，觉得甄嬛与眉庄之间的情谊远比她们与自己的感情要深厚很多。纵然后来甄嬛出谋划策助她第一次得宠，她也从未觉得甄嬛是看在姐妹情分上真心帮她，而是觉得对方完全是在利用她。

此后的陵容，为了保全自己和家族、为了荣宠和地位、为了虚荣和自尊，她开始投靠皇后。表面上看，她依然是那个温顺柔婉的小女子，可时间久了，她早已丢失了自己的真性情，被欲望捏成了一个满腹邪恶计谋的毒女子。她精心策划了一场又一场的害人之计，把所有真心待她的人伤得体无完肤，最后带着满心的忏悔与疲倦，孤独而悲凉地离开了人世。

跳出小说的情节，回到现实中来，其实绝大多数的女子都是安陵容：

出身在平凡的家庭，没有显赫的门第，没有可依靠的家世背景，走出家庭迈进复杂的社会，就如同迈进了那偌大而复杂的“后宫”，未来的一切都靠自己去撰写。入世之后，见识了繁华，声色犬马，名利地位，与此同时，也见过了人情冷暖、世态炎凉。或许，在不经意间，就被一处处华丽的诱惑吸引了，迫切地想要改变现状。此时，抉择，就是人生的一道分水岭。

是否能够稳住自己的心，是否懂得拒绝，是对一个女人心灵与智慧的考验。在灯红酒绿的世界里，能看淡繁华，也许日子会平淡如水，没有轰轰烈烈和繁花簇拥，但少了名利财权的束缚，也能收获一份安稳的人生。若是被诱惑冲昏了头脑，不顾一切去追寻，有时往往会迷失自我、迷失方向、误入歧途。

记得一则故事里讲到，一位年轻的女子问老者：“怎样才能走到幸福的彼岸？”

老者微微一笑，用纸张叠成了一只小船，放在旁边的小河里。小船不急不躁、无声无息，随着水流缓缓地驶向前方。沿途之中，蝴蝶、鲜花不时地向它搔首弄姿，小船视而不见，依旧默默地前行。

之后，老者解释道：“人这一辈子，要面对的诱惑太多了，金钱、名利、地位、美色，无时无刻不在叨扰着人心。若是途中因思谋金钱而停留，因渴求名誉而浮躁，因攫取地位而慌乱，就很难像小船这样，淡定地前行。”

当然，这不是说女人就该放弃对物质生活的追求，只是提醒所有女人：像小船那样，心无旁骛淡定地走自己的路，不为路旁繁杂的诱惑所动，不为外物而折损自己的尊严，保持温婉的外表和一棵青松般的心，在坚强里长成一株艳丽的花。

# 不急不躁，静静绽放自己的光华

我很喜欢自己现在的状态，随遇而安、遇事不急不躁，该有主心骨的时候能镇得住场，不该有的时候能心安理得地躲一旁不多话；会爱人、会关心人、会牵挂人，但不缠人；有思想、有理想、有理性、很幽默、敢自嘲；会为爱的人甘于放下身段，有学习的热情和动力，每天都在进步，但不再期待别人的夸奖。

——六六

仙人掌浑身都是刺，模样也不漂亮，鲜少被人所喜欢。在人们轻视的目光下，仙人掌有些承受不住了，它觉得自己根本就没有资格与人类在一起生活，于是就悄悄地离开了人群，悲伤地躲进罕无人迹的热带沙漠。在沙漠里，它与残酷的环境做着斗争，渐渐地适应了那里的气候，并安心地住了下来。当其他杂草纷纷逃离沙漠的时候，它依然不肯离去。

和仙人掌一样，浑身长满刺的还有玫瑰，可它并不厌恶这一身刺，反倒觉得这是自己的独特之处，是一种凛然而不可侵犯的美丽。最初，人们对玫瑰的态度也是冷冷淡淡，并没有加以追捧，总觉得牡丹才是花中之王，大气富贵。玫瑰不介意，也没有怨恨自己的刺，而是努力寻找隐藏在自己身上的特殊之美。

后来，有人惊讶地发现，玫瑰的X光片上其实是没有刺的。或许，是因为它知道外表对自己而言并不是全部，所以当别人说它的香气太浓郁、抱怨它长满刺而不敢靠近的时候，它没有暗自神伤和绝望，而是变得更加坚强，静静地绽放自己的光芒。

女人要成为更好的自我，就不能像仙人掌那样一味地逃避，不肯接受眼下平庸的自己；要像玫瑰那样，身上长满刺却依然傲立于花丛，要学会利用自己的特点，找寻属于自己的独特美丽，这才是女人应有的生命姿态。

刚进入公司时，她坐在最不起眼的角落里，几乎没什么人注意她。确实，论姿色和能力，她都不是最出众的，只是每天按时上下班，本本分分地做好自己的事，不多言也不多语。若有同事遇到麻烦，她也会默默地帮忙，但从不张扬。

影视公司的女同事占据了大多数，凑在一起少不了窃窃私语，聊聊最流行的服饰，说说哪个品牌的化妆品最好用，八卦一下谁又嫁了有钱的男人。闲来无事时，她也会“旁听”一下，却很少插嘴。

女人的世界里，有比较就会有心理失衡，有些年轻女孩会抱怨自己买不起高档护肤品，有些已婚女人则抱怨自己老公赚得太少，而她，似乎从来没有为这些事烦恼过。打开衣橱，几套简单却很有品质的基本款衣服，穿了几年却依然不过时；护肤品不是什么国际大品牌，但都是最适合自己皮肤的，每天晚上，她都敷面膜，东西不贵，贵在坚持。所以，与那些在脸上花费上万元的女同事相比，她的皮肤也不差。

或许，是因为她为人处事一直很平和，也很少出风头，在女同事眼里，她是很好相处的那一类型，大家也极少拿她开玩笑，或者在背后议论她什么。

公司因业务拓展，需要从内部提升一位女同事做助理，到新加坡总部学习一个月。对于这个难得的机会，公司上下的女人们可谓都在蠢蠢欲动，尤其是那些漂亮爱出风头的女子，恨不得用尽浑身解数想争取在竞选中胜出。那段日子，办公室里表面上风平浪静，实则暗潮汹涌，人与人之间都多了一点隔阂和防备。

她，依旧是老样子，不慌不忙。若不是公司要求办公室里的全体职员都要参加竞选，她宁愿放弃这个机会。倒也不是不求上进，而是看到别人私下里为了拉票百般地讨好他人，实在是觉得痛苦。当有人找到她，求她支持时，她莞尔一笑，不答应也不拒绝。这种淡淡的态度，加之平日里低调的言行，没有谁拿她当竞争对手，这也在无形中让她避开了许多麻烦。

待到竞选那天，许多同事盛装出席，展示个人魅力和能力。她还是往日里的那一套衣服，不卑不亢地把自己对于助理职务的看法阐述了一遍，并对外出学习考察的计划以及目的、效用做了一份报告。她没有刻意哗众取宠的装扮和展示，却在艳丽的人群中发出了一抹淡淡的幽香，她的沉稳和淡定，让领导层们刮目相看。

最后的结果，令许多人意外：她获得了助理的职位。当领导宣布这一消息时，她也有些受宠若惊，似乎有点“无心插柳柳成荫”的意思。随之而来的，自然是闲言碎语。有人质疑她的能力，有人质疑她的品行，说她肯定是在背后用了什么手段才脱颖而出……总之，各种难听的话，一起涌了出来。

她不去理会那些闲话，就像过去一样，安心地做着自己该做的事。这种不慌不躁的姿态，着实让那些对她颇有微词的人感到意外。从新加坡总部归来后，她学到了不少东西，领导对她也更为赏识。她呢？还是过去那般亲和，没有一点架子，平和地与同事相处，穿着打扮依旧简单大方，除了工作上比以前忙碌一些，似乎一切都没有变。

半年后，所有关于她的流言飞语都渐渐地消失了。她用自己的工作能力，平和沉稳的姿态，赢得了所有同事的信服。与此同时，她也在不攀不比中，安静地绽放了自己的光华。

冬日里的腊梅，在温暖春日百花盛放的时候，从不去争艳；在炎炎夏日莲花散发幽香的时候，从不去斗芬芳；在瑟瑟秋日黄色雏菊笑靥如花的时候，从不去懊恼；在冬雪皑皑百花沉睡的时候，它才傲然自若地开放。凌寒独自开，不争不抢，用平和的姿态傲立雪中，可那顽强的生命力、骄傲的姿态，是它独特的美。

女人也该有腊梅的气质，坚信着自己的美好，安心地过自己的生活。你若不是牡丹，就不必追求娇艳；你若不是蔷薇，就不必象征爱的誓言。你若只是小草，就展现顽强的生命；你若是一棵树，就散发出独特的气息。不与人相争，在安静中，不慌不忙地绽放芬芳。

## 流言蜚语随它去，生活只属于自己

这个世界变化太快，人们太容易被这种速度控制，偏离自己原来的轨道。我梦想的生活是可以随时放下一切，退回自己的世界，享受安静和幸福。每个灵魂都该是自由的，不受任何人的限制。

——苏菲·玛索

美国心理学家帕翠丝·埃文斯在《不要用爱控制我》中写过这样一段话："人们评价我们，实际上是在假装知道我们的内心世界，是在对我们的精神世界进行攻击。如果接受这些攻击，我们会暂时迷失自我、屈服于别人的控制。"

1935年3月8日，一代影后阮玲玉在难以承受的流言蜚语中，结束了自己年仅25岁的生命，含恨留下"人言可畏"的遗言，以此印证了"舌根底下压死人"的俗语。这位年轻的姑娘，才经历世事，羽翼还未丰满，内心还不足以承受外界的狂风骤雨，可残酷的现实却给了她重重一击。她的离开，是一种悲哀，也是一种无奈。

活在世上一天，就免不了要面对和承受外界的流言蜚语，任何女人都无法阻止它们的出现，因为你不可能堵住别人的嘴巴。你美丽漂亮，有人心生嫉妒、刻意诋毁你；你平庸清贫，有人看不起你、言语间透着一股鄙夷；你精明能干，有人说你太过算计、心机太重；你与世无争，又有人说你软弱没有主见。总之，各种性情的女人都会被人捏住“把柄”，不管你活成什么样，都难以赢尽所有的人心。

如果，你被激怒了，把流言蜚语统统听入了心，那么烦恼就会无穷无尽地缠绕着你，一辈子都不得安宁。换而言之，太认真，你就“输”了。你输掉的，是平和的情绪、是内在的修养、是自己的生活、是美好的明天。

真正理智而坚强的女人，面对他人的评价和责备时，往往会一笑了之。倒也不是一点儿都不介意，只是心里明白：你不是我，怎知我走过的路，我的悲与喜？懂的人，不用说自然也会懂；不懂的人，解释再多也是徒劳。只不过，并非所有女人都能把事情看得这般通透，为了他人的一句话而情绪失控、怒不可遏的女人，依然不在少数。殊不知，对于不怀好意的人来说，你暴露自己愤怒的丑态，俨然就是掉进了对方的“陷阱”，就算对方本无恶意，你为了一句随口而说的话坐立不安，也不是明智之举。

H向来不喜欢与人争，总是一副随和亲善的模样。不过，她从事的职业却偏偏是一个少不了与人争的事——销售。销售部的同事，个个牙尖嘴利，为了订单勾心斗角的事时有发生。依照她的性格，只想本本分分地做人做事。为此，有人说她太实在，上司对她也不太赏识。言外之意，她不够“精明”。

她明白，这是一个急功近利的社会，太多人等不及，也不愿去花费时间等待。恨不得这一秒的付出，下一秒就能见到回报，否则就是浪费时间和生命。但她想得更为长远，开发客户不是一天两天的事，也许一段时日内都没有做出一单，可不意味着所有的努力都白费了，总得沉得住气，才能守得云开见月明。

因为性格与行事风格上的差异，有些同事总跟她针锋相对。她为人直率，有话喜欢当面说清楚，不喜欢遮遮掩掩。恼人的是，那个尖酸刻薄的女同事，从来都是在背后搞小动作，表面上还一脸和善。好几次，她在背后给H打小报告，惹得上司对H严重不满。对此，H心里也很窝火，一肚子委屈。

那天，她刚走到办公室门口，就听见里面叽叽喳喳地在议论着她。她装作没听见，走到了自己的工位上，见她来了，那群人也就散了。她以为，自己默不作声就算了，能唤醒某些人的自知之明，可她没想到，对方反倒变本加厉了，经常给她散播流言，说的话也越来越离谱，甚至到了侮辱人格和尊严的地步。

终于，在某天下班之后，她内心积蓄已久的怒火彻底爆发了。下班后，她把一些资料丢在了办公室，又连忙跑回去拿。刚进门，就撞见那个女同事在跟新来的一个女孩议论自己。看见她进来，对方不仅没有收敛，还摆起一副不屑的样子。这可激怒了她，她没给对方留面子，怒视了她一眼，拿起桌上的资料，狠狠地摔向了她，大吼道："你说够了吗？"

其实，同事造谣生事，在背后诋毁她，公司里的其他人也有所耳闻。可现在，她在办公室里对同事大打出手，还当着其他人的面，着实惹来了上司的不满。为此，上司还特意把她叫到办公室，训斥了一番，说她给公司造成了不好的影响。她心里的苦，无处可诉。

都说"有人的地方就有江湖"，这句话，其实不妨改为"有人的地方就有流言"。他人的有意贬低、恶意嘲讽，真的不必太往心里去，要知道，不管你做得多好，也总会有人不满意，会挑挑拣拣、说三道四。就算你无法像橱窗里的瓷娃娃一样，对所有人都面带微笑，但至少要学会不让对方的言行控制自己的心情和思绪。当他人误解自己、否定自己、随意评价自己时，保持内心的独立和自我的清醒，不轻易被他人的言语激怒，这是一个女人的自爱，更是一个女人的坚定。

很喜欢白岩松说过的那段话："行走在人群中，我们总是感觉有无数穿心掠肺的目光，有很多飞短流长的冷言，最终乱了心神，渐渐被缚于自己编织的一团乱麻中。其实你是活给自己看的，没有多少人能够把你留在心上。"所以，流言蜚语随它去吧！我们迟早要明白：生活只属于自己。

## 从含苞绽放到凋谢，玫瑰从不慌张

有一种孤独，是当自己慢慢长大懂事，看到那个属于自己的世界日渐完整，却跟身边最亲近的人没有交集。他们无法理解你所追求的和畏惧的，好像被你远远地甩在了身后，而这一切又那么无能为力。

——苏悦《慢慢爱，不慌张》

两个阔别多年的好友琳和菲，在某个秋日的午后，相约而坐。

岁月匆匆，时光不饶人。曾经如花似玉的她们，在生活的浸泡和打磨下，已不再是当年稚嫩羞涩的小女生，彼此都多了一份干练与成熟。像所有平常女人一样，她们结婚成家，从懵懂无知到担负起家庭、事业的重担，生活教会了她们很多，也改变了她们很多。

难得再重逢，她们都难掩喜悦和激动，只是现在的生活圈子不同了，言谈之间不再如从前那般默契。琳读书时是个一等一的美女，现在看来，姿色犹存，可还是抵挡不住时光的侵袭。她穿着优雅，看得出来，为了这次约会她是精心装扮过的，只不过再昂贵的化妆品，也遮挡不住她笑起来那藏无可藏的鱼尾纹。

与菲相比，琳的物质条件更好一些。她在一家银行工作，先生经营了一个店铺，生意也还不错。可才见面没多久，琳就开始向菲吐苦水了。大致就是，感慨时间不够用。她好强的性子一点儿都没变，刚攻读完经济学硕士，又打算考博；在单位里得到了提升，可压力更胜从前，忙起来真是连水都喝不上。菲记得，琳的小提琴拉得很好，上学时她的琴声吸引了不少男生女生，可如今琳却说，那把琴已经好多年没动过了。

若说琳最直观的变化，还是她说话的语速，简直就像是枪弹出膛。席间，爱人打电话给她，她就像处理公务一样，用救火员一样的心情来面对。菲觉得有些诧异，没想到昔日的好友竟然成了这样，言行中全都透着一股子慌张。

菲说："琳，别只争朝夕地追赶日子，这样太辛苦了。"

琳叹了口气，回应道："亲爱的，你说的这些我都明白。可我现在就觉着，自己被架到了这个高度，下不来了。我今年已经34岁了，但一直还没有要孩子，说实话，对这件事，我真的很犹豫。事业上正处于稳步上升的阶段，让我就这么放弃，或者换一份清闲的工作，我很不甘心。现在的状态，就像你说的那样，追赶时间，追赶生活，稍微有一点儿进度慢了，我就会心慌。"

"我希望你能把节奏放慢一点，想事情别太极端，事业也得循序渐进地发展，一个女人总是慌慌张张的，很容易变老。那就真可惜了老天赐予你的这张漂亮脸蛋啦！最好是保持平常心，顺其自然。我想，等你有一天看着自己的孩子冲着你笑，叫你一声'妈妈'，你就会觉得，所有的付出都是值得的。事业和家庭要兼顾，更重要的是照顾好自己的心，别慌。"说这番话的时候，菲一脸的平和。

琳望着眼前的好友，心里一阵感慨。阔别十年，都已经是30几岁的女人了，可女友的那张脸和读书时没有太大的改变，依旧白皙，并泛着透亮的光。言谈是那么平和优雅，外界的熙熙攘攘似乎根本没有影响到她的心。

菲坦言，她的心态跟她所处的环境和职业有关。她在一家女性生活网站做设计，工作中接触的都是关于女性自我养成的东西，这使得她非常注重生活品质。工作再忙，任务再多，也很少熬夜加班，更不会显露出一副急得像热锅上的蚂蚁那样的神态。她总是不缓不慢、有条不紊地做事，不会随意地放纵自己偷懒松懈，也不会风风火火地把一天挤成两天来用。

对待生活，她也如是。追求的目标，一定都在力所能及的范围内，那些踮起脚尖也够不着的东西，她从不奢求。菲说："我珍惜自己想要并且能够得到的，对那些得不到的或是别人拥有的东西，没有觊觎之心。这样，心里就会很平静。"

分别的时候，菲开车送琳到机场。路上的车不多，可菲开得缓缓的，车里放着一曲诺拉·琼斯的*Come Away with Me*。琳问菲："你平日都开得这么慢吗？在我们那里，你这叫作'马路障碍'。快点吧，大小姐，我晚上还要赶回去整理东西，明天下午要出差。"

菲笑着问道："你不觉得，这条路上的风景很好吗？开得太快，就没得欣赏了。好不容易出来一趟，何苦那么慌慌张张的？放轻松点儿，天不会塌下来的。"

随着她的话音，琳向窗外望。果然，天空飘着大朵大朵的云，就像棉花糖，触手可摸似的。看着路边的树木，郁郁葱葱，充满了希望。她忽然发觉，自己已经很久没有仰望过天空了，早就忘了，天可以这样蓝，云可以这样美。这一刻，她那颗慌张而急促的心，悄然地静了下来。

国外有一句谚语："停下来，闻一闻玫瑰。从含苞到绽放然后凋谢，玫瑰从不慌张。"

玫瑰，从含苞待放到凋零枯萎，安静从容、不慌张，这是一种坚定自守的姿态，女人在生活中也应当如此。也许你会问：如何才能做到从从容容不慌张呢？

黄龙慧开禅师有一首著名的偈颂："春有百花秋有月，夏有凉风冬有雪。若无闲事挂心头，便是人间好时节"。从容不慌张的女人，应安于自己的选择，不去觊觎别人的成就，不去想那些遥不可及的事，珍惜自己所有；

不刻意地追求完美，平心静气做好自己的事情，不能万事顺心，但求万事尽心；改变不了环境就改变自己，改变不了事实就改变心态；不能够控制别人，就把握好自己。这样的女人，才会像玫瑰一样，不畏岁月的洗礼，优雅从容地老去。

## 欣赏自己所拥有的，走稳自己的步伐

当别人都误解你，负面看你时，你首先要自省自己是否真像他们所想的一样，若不是，愿他们长大，放下被误解的不甘心，不是因为你值得被曲解，而是你比他们多走了几步，不理解你是正常的，没什么委屈不委屈。回头看别人令你退步。向前看，走稳自己的步伐，原是开路者的大气度。

——素黑

卡耐基在写给女人的箴言中，这样说道："发现你自己，你就是你。记住，地球上没有和你一样的人……在这个世界上，你是一种独特的存在。你只能以自己的方式歌唱，只能以自己的方式绘画。你是你的经验、你的环境、你的遗传造就的你。不论好坏与否，你只能耕耘自己的小园地；不论好坏与否，你只能在生命的乐章中奏出自己的发音符。"

世上找不到完美无瑕的女人，但美好的女人却存在于生活中的各个角落。她们的美好，无关外表，无关出身，只关乎内心：漂亮也好，平庸也罢，始终都能用欣赏的目光看待自己，不会厌恶，不会贬低，即便自身有某些缺点和瑕疵，也可以平和坦然地接受它，善待它，将其视为生命中的一部分。

在偌大而寂静的讲堂里，所有人的目光都聚集在一个女人的身上。

她站在讲台上，有时仰着头，脖子伸得很长，和尖尖的下巴形成一条直线；有时她会张着嘴巴，眼睛眯成一个缝，注视着台下的听众。偶尔，发出咿咿呀呀的声音，没有人知道她在讲什么，她基本上是个不会说话的人。不过，她的听力特别好，但凡有人猜中了她的意思，她就会高兴得拍着手，叫一声，然后举起一张明信片，告诉对方他答对了，可以获得这个奖品。

这不是什么表演，而是一场别开生面的演讲，是她巡回演讲的第三站。从小患有脑性麻痹的她，不幸被夺去了肢体的平衡和说话能力。二十几年来，她一直活在行动不便和他人异样的目光里，她的成长是一部心酸的小说。庆幸的是，疾病和痛苦并没有给她的心理造成阴影，乐观的她微笑着面对所有，还拿到了美国某知名大学的博士学位。她用双手做画笔，用色彩传递心声，告诉世人她活出了生命的精彩。

在自由发问的环节中，一位学生提出了一个尖锐的问题："您长成这个样子，心里有没有怨恨过？或者说，您有没有羡慕过其他正常的人？"此问题一出，台下的人便窃窃私语，似乎是在指责提问者太过分，直戳别人的痛处。

对此，她并没有生气，一脸平和。她先是在电脑上打了一行字，投射在屏幕上，表示她听明白了对方的意思："我怎么看我自己？"稍停了片刻，她看着发问的学生，嫣然一笑，又继续低头打字："我很漂亮，我的腿很修长、很美丽，我的父母都很爱我，我会写文章，会画画……"

看到这样的回答，台下寂静一片，所有人都沉默了，不再有交头接耳的声音。对于这个话题，她最后写了一句："我只看我所有的，不看我所没有的。"

或许，在外人看来，她的人生是残缺的，有着太多的遗憾。可在她看来，这些并不能阻碍她享受生活、享受精彩的生命。她从来不去羡慕别人，更不会用他人的标尺来衡量自己，即使面对讥讽和嘲笑，也依然笑靥如花，努力发现自己的美好。单单这一点，许多身心健全的女人都未必能够做到，尤其是那些眼睛只顾盯着别人，内心对自己充满怀疑和否定，小心翼翼地活着，害怕别人挑剔的目光的女人，失去了自由奔放的个性，自卑自怜、自暴自弃。

欣赏自己所有的，不仅仅是在外表上接纳自己，更重要的是欣赏自己的生活。生命的旅程只有一次，生活也只属于自己，每个女人都有令人羡慕的东西，也有不完美的缺憾。正所谓：宫殿里也会有悲恸，茅屋同样也会有笑声。不要把生命浪费在与别人对比上，欣赏你所拥有的一切，放下心灵的负担，仔细品味眼下的生活，就不会轻易动怒和沮丧了。

一位年轻的妈妈带女儿在沙滩上散步，小孩儿开心地捡贝壳，那些贝壳在她眼里都是美丽的。再看妈妈，却是一脸愁容。想到丈夫赚钱不多，自己全职带孩子，想给女儿多买点东西，却还得精打细算，翻翻钱包看还剩下多少。这样的日子，让她觉得很憋屈，不由得羡慕起那些有钱人来。

女儿把捡来的贝壳拿给她看，她却一一地给挑了出去，挑剔地说："这个颜色不好，这个形状不好，往前走吧，还有更好的呢！"糟糕的是，女儿一边捡，她一边说："还有更好的。"最后，弄得女儿有些不高兴了，嘟着小嘴说道："妈妈，你为什么说每个贝壳都不好看呢？那都是我捡来的，它们长得都不一样……"

看着女儿天真的笑脸，她顿时有些惭愧：也许孩子捡到的不是最美丽的贝壳，可她心里是快乐的，为什么非要让她把那些贝壳进行比较呢？每个贝壳都有不同的花纹，都可以谱写不同的故事，自己习惯了比较，也潜移默化地把这种思想带给了孩子，实在不应该。

是的，只看自己拥有的，不羡慕，不攀比，不活别人，只活自己，必会少了诸多烦恼。就像那春寒料峭的冰凌花，虽不及牡丹那般得人宠爱，却仍然义无反顾地迎着寒风倔强地开放，至香至色，只愿与清寒相伴。

生活也是如此，只要自己活得有滋有味，不必太介怀那些外物，更不必去比较，从别人的生活中走出来，一步一个脚印地走自己的路。当有一天，蓦然回首的时候，就会惊喜地发现，自己走过的地方也是一片怡人的风景。

## 只有一辈子，过自己想要的生活

生活每天都充斥着各种各样的选择，最可怕的是不知不觉中已然放弃了对自己、对生活的警醒和觉察，任由别人灌输的信念和过去的惯性来支配自己的生活。人生最悲凉的笑话，莫过于用尽毕生努力成功地成为了别人。人只有一辈子，为自己而活才是最大的奢侈。

——金正勋《不谄媚的人生》

森林里有一种行走方式很特别的毛毛虫，它们之间的每一份子，都要以自己的头紧连着前面那条毛毛虫的尾部，一边走，一边吃它们最喜欢的树叶。

为了测试这种毛毛虫的盲目性到底有多强，生物学家做了一个实验：他将一串毛毛虫放在花盆旁，让它们首尾相连。只见，毛毛虫开始围着花盆绕圈，一只接着一只，走相同的路。它们的食物近在咫尺，可这一群绕成圆圈的毛毛虫，却因为只会盲目地跟着其他毛毛虫的脚步而行动，竟然就真的一圈一圈地绕下去，直到饿死。

看到毛毛虫的行为，人们不禁嘲笑它太愚蠢。可是转念一想：生活中有多少人，也在重复着这样的路径呢？一辈子都在盲目地跟着别人的脚印走，听从着别人的意见和安排，不清楚自己想要什么，直到生命终了的时刻，才发现自己从不曾真正地活过。

微博上有一篇题为《十年后的我是什么样子》的文章，内容与上述道理如出一辙：

8岁，我画了一幅画：我要乘火箭去月球。

18岁，爸爸让我去学金融；19岁，学长说进学生会是很好的机会；20岁，我发现很多人都要出国，所以我要考GT；21岁，同学推荐我去银行实习，好像迈出了向未来的下一步；22岁，导师说本校保研是最保险的；23岁，我在操场跑了30圈，也没法知道自己真正想做什么；24岁，拼命想证明自己的潜力，每天实习到晚上12点回寝室。

25岁，每天慌不择路地面试，回校路上却只看到地铁内的牢笼，我是谁？26岁，每天上班，下班看电影、睡觉、看杂志。我想做一个不一样的人，可是生活拖住了我，或者我拖住了自己；27岁，我买了全套的苹果产品，我有这里最高档酒吧的会员卡，一眼就知道自己五年后会做什么，但是不想成为那样的人；28岁，我被生活推着走，去读MBA；29岁，同学们说，要把握最后的学生生活，于是去了很多地方旅游，但那有什么用？去了什么地方并不能改变我是谁。

30岁，回到了北京的另一个外企，仍然每天加班到11点，下班睡觉；31岁，又过了一年。我一个人在长安街走到凌晨三点，这是不是我的人生？32岁，又过了一年，我过着和27岁所想象一样的生活。

有天晚上，我梦到自己8岁时画的那幅画，我哭了。

看过之后，不少人纷纷感慨，这真的就是自己的人生写照：原本，有一份美好的理想在心间，却在生活的车轮中随波逐流，听着所谓“过来人”的劝告，以为那便是成功和幸福的捷径，稀里糊涂地选择了自己不喜欢却似乎非做不可的事，越走越辛苦、越走越迷茫。当有一天，生活彻底变了样，与最初的梦想南辕北辙，才清醒地发现，岁月已经过了一大半。

“从小到大，我的生活都是被安排好的。要上什么样的学校，学什么样的专业，都是父母包办。毕业后，父亲又为我托人安排了工作。到现在，我已经工作十年了，可我从上班那天起，我就没有真正‘投诚’过，基本上都是在混日子、熬时间。我喜欢摄影，但父母不支持，这些年我一直压抑着自己过生活。

“到现在，我真觉得自己什么都荒废了，很难过。有时，觉得自己像一个双面人，在人前装得挺开心、挺知足，可在独自面对灵魂时，又是另一番模样。我想改变，但是太难了。如今，孩子都已经六岁了，我说想改行学摄影，所有人都说，算了吧，还是安安心心地在单位里做你的小科长吧！进退两难，这就是我的现状……”

女网友梅子雨在看到这篇图文后，写出了自己的心声。令她痛苦的，是无法选择自己真心喜欢的职业，想改行却又没有勇气。当然，她的故事只是此般现状中的凤毛麟角，还有许多女人，也在为了不同的事情感慨。

脆弱的鱼儿说，她最痛苦的事，是没有坚持自己的内心去择偶。当年，自己交了一个男朋友，家里人纷纷不看好，说他工作不稳定，说他家离得远，婚姻是很现实的问题，一旦结婚了，就要面对各种各样的状况……最后，她妥协了，与男友分开，接受了家里人的介绍，与现在的丈夫结了婚。

丈夫的家境不错，工作也稳定，可从一开始到现在，他们之间就没有太多的共同语言和兴趣爱好。脆弱的鱼儿是个喜好文艺的女子，生活的方方面面也讲究情调，丈夫却偏偏不解风情，两个人经常为了一些生活上的细节琐事闹分歧，鱼儿说：“我和他根本就是两个世界的人，如果时光能倒流，我真的会重新考虑，可现在……”她没再继续说下去，只是一声叹息。

人生匆匆数十年，女人的青春更是短暂得如惊鸿一瞥。在有限的生命里，如何让自己活得更美好、更舒适、更无悔，这或许比获得名利财富更有意义。趁还来得及，做你想做的事，爱你想爱的人，成为你想成为的自己吧！记住：一辈子，不过三万天。不求多么轰轰烈烈，但一定要坦坦然然，开开心心，过自己想过的生活，这才是生命的真意。

# 每个女人都有属于自己的“沉香”

一树繁花，既有向阳的高枝，亦有偏隅的花朵。每一寸空间都有生命的闪现，每一朵鲜花都有自己的芬芳。我们都是自己生命的花朵，攀上高枝不必自得，沐浴了阳光，你也要承受风雨；置身低下无需卑微，少了些溢美，却也多了几份静谧。只有守住尊严的底线，生命之树才会长青，青春之花才会怒放。

——文字养心堂

有一个富有的木材商人，担心自己死后儿子会因为继承了大笔的财富而好吃懒做、不务正业，最终坐吃山空。为了给儿子一点人生启迪，他决定趁着自己身体还好，让儿子了解一下自己年轻时奋斗的经历，以此作为鼓舞。

听了父亲的讲述，儿子很感动，他决定独自去闯天下。他跋山涉水，历经千辛万苦，终于在一片热带雨林里找到了一种能够散发出浓郁香味的树木。这种树木很奇特，把它放进水里，它不会浮到水面上，而是沉到水底。他相信，这肯定是价值连城的宝贝，就满心欢喜地把香木运到市场去卖。

当地的人们从未见过这种树木，而且从表面上看，谁也看不出这香木有什么特别之处。几天下来，他的生意惨淡，几乎无人问津，再看他身边卖炭的老头，半天的工夫就能卖掉一车的木炭，生意红火得很。

一开始，富商的儿子还挺有信心，觉得自己的宝贝肯定能卖个好价钱，只是需要点时间让大家了解它的好处。可是，转眼半个月过去了，眼看着别人每天都能拿到收入，自己却像一个冷冷的旁观者，他有点着急了。一个月之后，他彻底改变了自己的初衷，把自己的香木都烧成了木炭，结果木炭很快就卖了出去。他紧紧握着卖炭的钱，迫不及待地回了家，想告诉父亲，自己已经可以独立闯荡世界了。

商人听完儿子的讲述，老泪纵横，叹了口气说："孩子啊！你烧成木炭的香木，是世上最珍贵的树木——沉香。你只要切下一小块磨成香粉，它的价值远远超过那一车的木炭。"

也许，商人难过的不是儿子少赚了多少钱，而是他没能守住自己的"沉香"，让原本最珍贵的香木，成了最平常的木炭。换而言之，每个人都有属于自己的"沉香"，重要的是，你有没有发现自己的独特之处，你是否嗅到了自己的芬芳？

一个年轻的女孩，一心想找个机会证明自己的价值，可每当她鼓起勇气做一件事的时候，只要周围有人说一句消极的话，她的热情和兴致立马就会减半。渐渐地，她对自己没了信心，甚至还有了自卑的情绪，觉得自己什么也做不了。

偶然的一次机会，她结识了一位长者，两人聊得很投机，她便主动把自己的情况告诉了对方，希望得到一些启示，改变现状。

她问长者："为什么别人努力之后，总会有回报。可我的努力，换来的都是糟糕的结局呢？"

长者笑笑，说："我问你一个问题，如果现在送你'芳香'两个字，你会想到什么？"

女孩想了想，说："我想到了蛋糕。之前，我也开过一家蛋糕房，可是没过多久就停业了。现在，我还能想起那些芳香四溢的甜品。"

长者点了点头，说："这个问题，我曾经问过一位画家，他说'芳香'让他想到的是百花争艳的野外，还有翩翩起舞的少女。这两个字，给他的创作带来了灵感。我还问过一个搞动物研究的学者，他说‘芳香’让他想到了自己正研究的课题，那就是自然界里的许多动物都用身体散发出的芳香做诱饵，捕捉猎物。”

女孩百思不得其解，不明白长者究竟想说什么？就在这时，长者又说：“对了，我还问过一位久居海外刚刚回国来探亲的富商，他说‘芳香’让他想到了故乡的土地，说这话的时候，还一脸的激动。”

接着，长者问女孩：“我刚刚说的这些人，都算得上小有成就的人士，他们对‘芳香’的理解，和你一样吗？”女孩摇摇头，还是一脸的疑惑。

长者笑了，意味深长地说：“生活中，每个人都有与众不同的芳香，你也一样，有自己的芳香。为什么你不能像别人一样出色呢？那是因为你总是太看重别人对芳香的理解，把生命浪费在别人的眼光里。”

有一位老人的笔记本上有这么一句话：“不必在意别人是不是喜欢你，是不是公平地对待你，更不要奢望人人都会善待你。”人们对一个人的反映如同多棱镜，不会一致说好，即便你做得再好，依然会有人挑剔。

要学会看重自己的思想，不去刻意寻求别人对自己的看法和评价，不为任何人失掉真实的自己，才能不受干扰、愉快地活着。不必委曲求全而让人怜悯，也不必背负世俗而压抑自己的梦想，更不要随波逐流而失去自我。坚持你认为对的，选择你真正爱的，生活得更好不是为了别人，乃是为了你自己。当你自信地抬起头，你会绽放天鹅般的美丽，那是高贵之心的倒影；当勇敢地做自己时，你会收获棉花糖般的幸福，那是柔软而不失真实的自己。

# 真正强大的女人，无需任何掩饰

你对人类最大的贡献，就是让自己幸福起来；你对自己最大的贡献，就是让自己内心强大起来。强大不是因为你战胜了自己，而是接纳了自己。

——《不与自己对抗，你就会更强大》

女网友梧桐在微博上如是写道：“总有人对我说，不要生气、不要自私、不要小心眼、不要太贪心、不要……有时，我觉得自己特别坏，坏得让自己都难以接受。因为，我经常会小心眼，无缘无故地发脾气，一不留神说错话，遇到喜欢的事物露出贪心。我觉得，想要做个完美的人，必须改掉这些‘缺点’，我也试着努力过，想尽办法克制自己的情绪和感受，但我觉得很不舒服。”此博文一发，立刻引来各种评论，许多人表示，这番话戳中了自己的心声。

受到是非黑白、善恶美丑观念的熏陶，我们往往都只记得“好人”、“完美的人”、“幸福的人”该具备的特质，也更乐于接纳和展示自身“好”的特质，如热情、善良、诚实、勇敢、坚强。与此同时，也在极力掩饰和压抑那些“坏”的特质，如胆怯、贪婪、愤怒、自私、丑陋、轻浮、脆弱，不让别人发现。一旦偶然接触到自己的这些“坏”特质时，第一反应肯定逃避，尽快地跟它们撇清关系。与此同时，生活又常常会给女人制造出一种假象：只有努力变得更“好”，才可能获得幸福。

白领YY说，当她看到那句话“形象价值百万，有了好形象才能为人所重视，收获更多的机会”时，便开始挑剔自己的形象，把许多不是因为形象而导致的问题也一并算到形象的身上，没有找到合适的工作，就认为是自己形象不好，不惜花费重金打扮自己，甚至还想过到医院去整形，以此换求职场前途。

全职妈妈小米说，总有人告诉她“脾气没了，福气就来了”，虽然她是个急性子，但现在几乎不对人发脾气，也不做任何自私的举动，甚至祈祷也是为了别人。这让她看起来变得美好、温婉了，可无奈的是，她的身体状况却不太好，内心压抑着好多事。

事实上，小米很清楚，她的不骄不躁、淡定如水，根本不是真正的内心平和；她的不生气，是装扮出来的大度，而非真的想通了。她的私心、欲望和愤怒，受到的压抑太严重了，在潜意识里隐藏得太深了，以至于自己跟别人都没有意识到它们的存在。

两个不同的女人，道出了生活中的一种常态：随着年龄的增长，女人会发现，需要掩饰的东西似乎越来越多。可是，压抑和掩饰，不等于不存在。一旦自己的注意力稍微松懈的时候，那些不好的特质便会从潜意识里浮现出来。这就如同，为了掩饰心中的阴影，给自己戴上一层完美的面具，不让真实的想法流露出来，以此欺骗别人，也欺骗自己。慢慢地，也就习惯了这层面具，忘记了面具下面还有一个真实的自己。即便自己在生活中屡屡碰壁，可仍然压抑内心的暗示。

有些女人会选择闭上眼睛，堵住耳朵，拒绝接纳那个真实的自己，拒绝聆听真实的心声。殊不知，当自己刻意压抑那些不完美的时候，也压抑了与它们对立的那些优点。你的眼睛只看到了那些不好的东西，就感觉不到自己的美了，因为花费太多的精力和心思来掩饰自己的缺陷。纵然在某些事上展现出了好的特质，你也不会为之感到荣耀。

刘茜不喜欢和朋友聚会，很实际的理由，她经济上有些拮据，不愿意花费额外的钱。有些时候，躲不过去了，也就只好硬着头皮参加。待到埋单时，她还会抢着埋单，事实上她并不是心甘情愿，她所想的只是“如果我这样做，对方便不会认为我贪便宜和吝啬了”。

坦白地说，很多女人都会掉进这个“如果”的陷阱里：“如果那样，我是不是就可以如何如何，解决什么样的问题……”可惜，不管什么样的幻想，终究都会在现实中破灭，到头来你会发现，其实你只是你，自私、暴躁、狭隘、小气依然存在，从哪方面看都不完美，只是它们并非你存在的常态，而是在某些特定的时刻才会显现出来。

当然，你根本用不着为此苦恼，因为只要是人，就必然会有阴影。你以为自己可以把阴暗面掩饰得天衣无缝，但那些被你刻意压抑的特质，总能找到机会显露出来，让周围的人看见。与其否定和掩饰自己内心的那些阴暗面，倒不如勇敢地承认和接纳，拥抱心灵的阴影，找回完整的自我，记住，是完整的自我，并非完美的自我。

这就意味着，你可以允许自己在适当的时候表现出私心和欲望，你可以允许自己存在人性的弱点，不必要苦苦地掩饰不完美的瑕疵、缺陷，违背本真地过生活。如此，你便能够结束生活中的痛苦，不必再欺骗自己、欺骗整个世界。

承认和接纳完整的自我，意味着要平等地对待自己的每一项特质，既不刻意彰显，也不刻意压抑。完整应当是美与丑、善与恶、积极与消极的调和，唯有接纳心灵的阴影，才能得到它的馈赠，你觉得自己太软弱，那就努力找到软弱的对立面，让自己变得坚强；你被自卑困扰着，那就要在内心里寻找自信；你总被他人轻视，那就找到发生这种情况的根源。就像瑞士心理学家荣格告诉我们的那样，金子总是隐藏在暗处。唯有从容接纳黑暗的女人，才有资格享受光明。

命运的好与坏、生活的幸与不幸、环境的优与劣，并没有定数。人生的路很长，要经历的事很多，也许此刻的境遇很糟糕，很令人沮丧，可时隔多年后再看，也会成为一种别样的财富。有时，看似走进了死胡同，却在尽头发现了另一扇门，只要心不绝望，生活永远都不会有忧伤。

# 辑七

## 人生中的幸或不幸，其实没有一定

## 不好的开始，不一定有坏的结局

其实我们所做的每个决定，都没有绝对的好坏。做决定不是结局只是开始，日后的努力才定调这个决定的最终好坏。理性地考量后，就利索做个选择吧！然后就该不断努力，让这个选择在日后成为自己所做过的最好决定！

——张怡筠

相传，印度曾有一位很会治理国家的君主，他经常微服私访，到民间体察民情。在他的治理下，国家繁荣进步、百姓安居乐业。

贤明的君主身边，自然少不了得力的干将，这位国王也不例外，他非常器重一位丞相，有什么重要的大事，都会先请教丞相，听听他的意见和看法。

某日，天突然下起大雨，国王外出的计划被打乱了。国王问身边的丞相："你说，这场大雨好不好？"丞相回答："好！大雨过后，街道干净清洁，空气清新。您可以享受雨过天晴的美妙景色，还能够深入民间巡视民情。"国王听了很高兴。

次日，国王想外出巡视，没想到天气异常炎热，国王坐在大殿里就已经汗流浃背。于是，他又问丞相："这么热的天气，出门好不好？"丞相不假思索地说："好！这样的天气是印度近日少有的，您若出巡的话，可以更加了解我们国家的百姓在这种炎热的天气里，到底在做什么。"听了他的话，国王义无反顾地出门了。

国王和丞相相处得一直很融洽，不仅在国事上经常商讨，还经常一起去打猎。

那次，国王在检查猎器时，不小心被猎器斩断了一截手指。国王忍着疼痛，问丞相："我的拇指被斩了一段，这到底是什么寓意？好还是不好？"不料，丞相却说："好。国王陛下。"国王一听，顿时火冒三丈，认为丞相简直就是落井下石，一气之下命人把丞相关了起来。

国王以为，进了牢房的丞相会"知错"，便问："你被关在牢房里，好不好？"没想到，丞相还是说："好，很好！"国王气坏了，说："那你就在这儿多住几天吧！"说完，就走了。

几天后，国王又想去打猎了，这时他想起丞相来，可是碍于面子，又不想释放丞相，只好一个人单独骑马去打猎了。平日里，丞相比较熟悉地理环境，总是他带路，两个人也总是满载而归。这一回，国王单独打猎，在森林里追了好几个小时的动物，却什么也没打着。国王很沮丧，骑着马在森林里游荡。

很快，夕阳西下，倦鸟归巢。国王也累了，便下马牵着马儿走。突然，他发现周围的环境很陌生，心里不由得一慌，他意识到自己可能是迷路了。国王正苦闷时，一不小心跌到了捕捉动物的陷阱里。那陷阱很深，国王挣扎了半天想爬出来，可都失败了。

过了一会儿，国王听到了急促的脚步声，且越来越近。他大呼救命，来者把他救了上来，还没顾得上高兴，他就陷入了恐慌之中。原来，来者是邻国食人族的土人，他们把国王带回了部落。

当天晚上，食人族上下皆大欢喜，围着国王唱歌跳舞。国王被绑在一根十字架上，脚下堆着木柴，他们准备点火，吃烧人肉。国王无法和食人族用语言沟通，只能默默地等待着奇迹出现。

仪式开始了，酋长示意众人坐下。之后，一名巫师开始祭礼，用清水喷在国王身上，逐步检查他身体的各个部位。当他查到国王的手时，低声感叹，不停地摇头。众人不知道怎么回事，都觉得很惊奇。

巫师对酋长说："我们族人只吃完整的动物，他是不祥之物，因为他的拇指断了，我们不可以吃他。"酋长连忙跑过去看，发现国王的拇指果然少了一截，当即就放了他。

国王总算是有惊无险，捡回了一条性命。他很激动，回到国都后连忙去监牢里看望丞相。一见到丞相，他就抱着这位"恩臣"哭了起来，嘴里不停地念叨："现在我才知道，为什么你说我的断指是一件好事，它救了我一命，我错怪了你。"

紧接着，国王又问丞相："把你关在牢里十几天，你还好吗？"大臣笑着说："好，很好。"国王不解，问其原因。大臣说："陛下，如果您不把我关进监牢，那么我一定会跟随您去打猎，我们可能会一起被食人族抓去。您因为断指能保全性命，但我必死无疑，因为我很完整啊！"

故事讲完了，道理却耐人寻味。世间每件事都不是绝对的，看似好的开始，却未必有好的结局；看似坏的开始，却未必真的那么糟糕。

2010年11月25日，在寒风凛冽的伦敦牛津街上，一位80多岁的老人遭遇了几名劫匪的袭击，头部和面部受重创，身上那块价值20万英镑的限量版宇舶表也被抢走。歹徒们可能不知道，他们所抢劫的这位老者，是国际上大名鼎鼎的F1赛事掌门人伯尼·埃克莱斯顿。

遇袭后，这位幽默的老者突发奇想，决定借此机会做一则广告。他把自己被打成"熊猫眼"的照片发给了宇舶表全球CEO让克劳德·比弗，还写道："看我为了一块宇舶表付出了什么！很快，英国各大媒体都在显著的版块争相报道了这则新闻，宇舶表的市场知名度瞬间得到了提升，伯尼·埃克莱斯顿本人也因此获得了价值不菲的广告收入。

一位女企业家，当年在工厂里被迫下岗，生活举步维艰，无奈之下只好自己想办法创业。没想到，时隔十几年，她已经成了当地有名的女企业家。她坦言："如果不是下岗了，被逼无奈，我真的不知道，人生竟然还有这么多的可能性……所以，我还得感谢下岗这件事，若没有它，就没有现在的我。"

看，生活就是这样：你永远不知道下一刻会发生什么。不管现在的你是正遭遇着不愉快的经历，还是正陷入迷茫和痛苦中，都不要太担心、太沮丧，人生的路很长，昂首阔步地向前走吧！也许，就在下一个转角，就会柳暗花明，又见艳阳天。

# 辗转曲折才是岁月的常态

站在高处或地图上看，河流的线条总是不走直路而走弯路，为什么？ 其实最根本的原因就是，走弯路是一种常态，而走直路是一种非常态。做任何事情，都会有曲折，都会有弯绕，不会一条直路走到底的。学会转弯绕道，学会登高下低，都不失为一种前行的努力和顺势。波浪式前进，螺旋式上升！

——王亚非

80后，单身北漂，这是女孩宸宸给自己贴上的标签，也是她的生活现状。

从家乡小镇考入北京的大学，一路的艰辛历历在目。她逃离了那个狭小而闭塞的小镇，目睹了城市的灯红酒绿，她厌烦这里的拥挤和匆忙的生活节奏，却也眷恋着这里的繁华和机遇。她想，终有一天，会在这个城市里落脚，拥有属于自己的一片天空。

现实是残酷的。毕业后，还没容得她把未来的种种憧憬一遍，找工作就成了摆在眼前的难题。她跑遍了招聘会，投了N份简历，满城市的倒腾，两个月下来，却连一个录用的单位也没遇见。这里的竞争太激烈了，本科生、研究生、海归遍地都是，有经验的、有背景的比比皆是，而她，只是一个初出茅庐、没有任何资历的普通女大学生。

她住在最简陋的房子里，那是城乡结合部的一个蚁族聚集地，住的多数都是北漂的年轻人。这里的小房间，每个月只需要200多块钱，只是院子里没有公共卫生间和浴池，全都要到外面的公厕和大众浴池。附近有小餐馆，价格不贵，她好歹也能够承受。可是，一天没有工作，一天就入不敷出，眼见着口袋里的钱越来越少，又不好意思再开口向父母要，她心里很烦躁。

她决定，降低自己的要求，只要先找到一份能养活自己的工作就行，至于理想的工作，慢慢来吧！最后，她在一家培训机构找到了做招生专员的工作，月工资1500元。不管怎样，这份工作，可以维持生活了，她很快就入职了。

一晃儿，时间过去了两年。两年里，她从一个懵懂无知的小女生蜕变成一个有经验的市场专员。她的工资也从最初的1500翻了三倍之多。不过，宸宸知道，这只是一个跳板、一段历程，并非她真正想要的东西。

当生活已经趋于稳定时，她辞职了，又开始寻觅理想。后来，她进入一家广告公司做客户执行，工资不如做销售时赚得多，可她乐此不疲。她说："总有一天，我会成为一名广告设计师，但前提是，我必须先要进入这个行业。"

有朋友说，宸宸分明是在走弯路，如果早想做这份工作，第一份工作就该本着这个行业来选择。现在再重新开始，岂不是耽误了两年的时间吗？

宸宸不语，她还记得上大学时，哲学老师把一副中国地图展开，问："图上的河流有什么特点？"当时，大家都说："图上的河流不是直线，都是弯弯的曲线。"

哲学老师问："河流为什么不走直线，偏要走弯路？"一时间，答案五花八门。有人说，弯路是为了拉长流程，河流能拥有更大的力量，这样夏季洪水来临时，就不会水满为患；还有人说，流程拉长后，每个单位河段的流量相对减少，河水对河床的冲击力也随之减弱，可以有效地保护河床。

哲学老师说，这些答案都没错，但最根本的原因不在于此。他说："走弯路是自然界的常态，走直路反而是非常态。因为，河流往前走时会遇到各种各样的障碍，无法逾越，只能绕道而行，绕来绕去，避过了一道道障碍，最终抵达遥远的大海。”

这堂课，给宸宸留下了深刻的印象。其实，她何尝不想一步到位，可生活有时不会给你那么多的时间，也不会让你一开始就如愿以偿。想起最初求职时那一次次碰壁的经历，想起那越来越瘪的口袋，她知道，在理想和生存面前，她只能先选择生存，后考虑理想。也许，这是一条弯路，却也是非走不可的弯路。

黄桐在《人生总要慢慢熬》里写过这样一句话：“通往理想的道路，是一条蜿蜿蜒蜒、曲曲折折的小径。有时候，我们在这条路上绕来绕去，以为永远达不到理想，其实已经非常靠近目标。”

不摔跤，没有疼痛的感觉，又怎么能学会在未来的路上小心翼翼，防止摔跤？不迷路，没有尝试过无路可走的滋味，又怎么能学会在下一次如何认清方向？没有经历黑夜，又怎么会有对光明无限的渴求与期待？没有经受过暴风雨的侵袭，又怎么会有雨过天晴、阳光明媚的炫彩？

辗转曲折，本就是岁月的常态。走弯路，会费时费力，可谁能保证那康庄大道不是开凿于陡峭的悬崖，谁能断言那通幽的曲径不是通往成功的巅峰？弯路，是求索中别样的风景。

当感情遇到麻烦时，别抱怨自己命运不济、遇人不淑。早有人说过，爱情是一件百转千回的事，若不经历分离、背叛、痛苦，或许就不会懂得平淡是真、细水长流；当事业遇到坎坷时，把曲折视为一种常态，不要悲观、不要长吁短叹、不要停滞不前，把走弯路视为前行的另一种形式，另一条途径，那你就能够像那些走弯路的河流一样，抵达心中的理想港湾。

但愿，每个女人都能早点明白这一真相。别怕路弯弯、别怕路漫漫。要知道，太容易走的路，可能根本就无法带你去任何地方。生活从来都不是一件容易的事，成长、成熟的过程注定会有伤痛和阻挠，谁都如是。

# 所有的经历都是上天的恩赐

世上有一样东西，比任何别的东西都更忠诚于你，那就是你的经历，你在经历中的感受和思考。它们仅仅属于你，不能转让给任何别人，而只要你珍惜，也会是你最可靠的财富，无人能够夺走。可是，如果你不珍惜，就会随岁月而流失，在世界任何地方都找不到了。

——周国平

“当我彻底对听力世界绝望时，只剩下了面对人生的勇气。”

她出生在陕西省的一个小县城的农村，父母都是老老实实的农民。到了两岁，她才学会说话。生活在农村的一家人，以为她只是说话晚，怎么也没有想到这其实是噩梦的前兆。

可怕的噩梦发生在她就读初二的那一年。几乎就在短短两周的时间里，她的听力就逐渐丧失了。她喜欢听英语，可是有一天，她突然发现，自己竟然什么都听不到了。一下子置身于无声的世界里，对她而言，不是问题的问题全都成了问题。

休学治病的日子里，街坊四邻、亲朋友好都来慰问，意思是劝她放弃学业。父母什么都没有说，她明白父母沉默背后的用意。几年前，哥哥试图退学时，父亲坚决不同意，他的那句话至今让她记忆犹新：“只要你们两个不在农村待。家要站起来，全指望你们两个呢！”

家里的贫困程度，她不想多言，如今自己又生了这样的病，根本就是雪上加霜。那一年，家里卖西瓜、卖棉花的钱，全花在给她治病上了，最多的时候，一天就花了一万块钱。可她的耳朵，依然是一片寂静。

父亲本就不善言辞，而今更加沉默了。她经常看到，父亲独自一人在房间里，不开灯，只是闷闷地抽着烟。以前，他偶尔还会抽盒装的香烟，现在，抽的全是用烟纸卷的烟叶。她心痛万分，断绝了治好病的希望，哭着对父亲说：“只要让我回学校，我什么都不要了。”

同龄人的困难，也许是永远想不明白的数学题，也许是父母的不理解，也许是突如其来的友情变故。可对她而言，任何学业和生活上的困难，都不可怕。当她对重新听到这个世界失去了期待之后，剩下的只有直面人生的勇气。

无声的日子里，她从“听课”变成了“看课”。看着老师的嘴型，猜测对方说的内容。到了高中之后，学科多了，内容复杂了，老师讲课的速度也快了，看口型的难度无疑也增加了。听课偶尔会跟不上，她便在课下请教同学。

说起这段经历，她内心充满了感激：“我记得后来给我讲题的人形成了一个团队，而大多数时候都是他们在帮助我。”朋友们时常变着法儿地给她讲解，一直到最容易让她理解的方法出现为止。不知不觉，这个小团队就发现了最方便的解题法。每当她理解一道题目时，朋友们就会打出这样的手势：大拇指一个搭一个往上伸，形成“天梯”，这个有趣的手势还有另外一层含义——你很棒，继续加油！

就这样，她和这些帮助自己的人一起进步着，纷纷都考进了年级里的A班。她说：“以前我不相信自己能为别人带来什么，可随着成绩的提高，我发现分享学习方法也是个不错的选择。每个人总会有一些东西可以给予别人。哪怕残疾，你仍然有你拥有的宝贵的东西，比如积极乐观的生活态度、好的学习方法。”

最难熬、最有意义的日子，还是高三。宿舍楼的下面，有一间宿管阿姨的值班室，这个值班室本来不开放，因为她治疗用的仪器需要用电，阿姨就对她暂时开放了。后来很多同学觉得这个地方不错，慢慢地就聚集了七八个人挤在一块写作业。再后来，一个同学不小心把门把手拉坏了，一直没人来修，冬天刮风下雪，房间里特别冷，很多同学不来了，最后就只剩下了她一个人。她用厚毯子把自己裹起来，但仍抵挡不住严寒，“腿差点冻出毛病，但一写字就不管那么多了。”每晚学习结束后，张萌不会忘了把值班室打扫一番。

值班室里的日子让张萌刻骨铭心，她后来在日记里写道：“值班室的门外飘着雪花，柱子上滴下来的水被冻结成了冰柱，我静静地匍匐在桌子上，手在不停地翻动着书页，笔在底下不停地书写。我尽量不浪费每一分钟，直至深夜。当我在12点蹒跚上楼的时候，五层大楼的灯光已逐渐熄灭，走廊里昏黄的灯光将我的身影拉长再缩短再拉长，无声地目睹着我回宿舍的路……”

父母不忍心让她一辈子活在无声的世界里，他们筹钱给她治病，终于在高二那年，她在复旦大学附属眼耳鼻喉医院做了人工耳蜗移植手术，恢复了部分听力。对她来说，这可谓是最珍贵的礼物。靠着这一点点听力，她每天晚上都要听半个小时的英语。

天道酬勤。这个不肯对命运低头的女孩，最终以639分的成绩迈进了复旦大学的校门。她说：“我从来没有走出过生活的县城，一出县城，就来到了上海。”大学的第一个假期，她就进入一家公司的客户部实习，每天能拿到75元的补助。虽然艰辛，可她依然笑着坚持。

她说：“很少摘抄名人名言，因为我觉得自己做到了。不过，我还是很喜欢贝多芬的那句话，它也是我一辈子的座右铭——我要扼住命运的咽喉。”

生活的路上，从来都不缺少未知的惊险与坎坷。任何女人都难以预料，未来的某天自己会经受怎样的磨难，体会何种的生活滋味。但不管怎样，一颗坚强不服输的心，永远不能少。因为，最使人颓废的往往不是前途的坎坷，而是自信的丧失；最使人痛苦的往往不是生活的不幸，而是希望的破灭；最使人绝望的往往不是挫折的打击，而是心灵的死亡。

著名主持人马丁曾经说过：“财富不是看你获得了多少，拥有了多少，而是看你经历了什么，用什么样的姿态去面对自己的前路。”

许多经历，在当时的那一刻看来，或许是天塌地陷般的灾难；可是，咬着牙走过了，再回首时，却发现那才是人生最宝贵的一段时光。因为，是它让你的灵魂变得坚韧，让你的人生变得富足。

# 你要记住，人生没有绝对的公平

你要记住，世上没有绝对的公平。就算世上没有黑暗，公平永远也只是相对的。所以，无论何时，你对自己永远要有清醒准确的认识，这样，你不会轻易心灰意冷，你不会轻易被他人击倒，你才能走得更远。

——乐嘉

1963年，《芝加哥先驱论坛报》儿童版《你说我说》栏目的主持人西勒·库斯特先生，接到了一封特殊的信，来信者是一位名叫玛丽·班尼的女孩。她很想问问心中的偶像：上帝是不是公平的？为什么她帮妈妈把烤好的甜饼送到餐桌上，只是被夸奖了一句“好孩子”？为什么弟弟每天什么都不做，只会给家里添麻烦，却还能得到一个又一个甜饼？为什么那些跟自己一样的“好孩子”，总是被上帝遗忘呢？

从事儿童版栏目主持工作十几年来，西勒·库斯特收到过上千封信，大致内容都是在问“上帝为什么不奖赏好人，为什么不惩罚坏人”。在孩子们心中，他似乎无所不知，他们都渴望在他这里得到明确的答案。可每一次，西勒·库斯特都感到很惭愧，心情也很沉重，他真的不知道该如何回答。作为一个理性的成年人，他深知，在现实世界里，要寻找到绝对的公平，就像是寻找神话传说里的宝贝一样，永远都不可能。

其实，并非只有孩童才会提出这样的问题，生活中有太多的女人，也对生活的公平与否充满了质疑，失控者甚至还带着怨怼的情绪。

也许，你曾听过这样的抱怨声："事情为什么会是这样？她能力不如我，资历不如我，为什么升职的人是她？我兢兢业业地干活，为什么上司不闻不问？我全心全意地付出，为什么最终得到的是被抛弃的结局？那个样貌、学识、身材都不如我的人，怎么会被人当成心仪的宝贝一样呵护着，我却没有那样的运气？"

是的，这些事让人很不痛快，却又不得不接受。原以为生活是公平的，或者终有一天会变得公平。抱着这种心态等待着，可往往，等来的还是失望。付出了、努力了，并不一定能实现最初的想法，绝对的公平根本就不存在。

残酷的真相，总免不了让人觉得心寒，很受打击。但是，很无奈，这就是事实。大自然包罗万象，能够为万物提供生存的空间，可它也有失衡的一面。比如食物链，豹吃狼，狼吃獾，獾吃鼠……那些生命受到威胁的弱者，似乎一生下来就注定了"强者生存，弱者灭亡，优胜劣汰"的命运，毫无公平可言。再如，在斗牛场上，牛在和斗牛士决斗前，先是被他们逗引、用长矛刺背、再用花镖刺其颈部，牛的体力、肉体都被摧残了，此时再和斗牛士展开搏斗，最终倒下的肯定是牛。这样做，对牛来说又公平吗？

人生没有绝对的公平，世界也不是根据公平原则而创造的。我们不能对此一直耿耿于怀，唯有先承认生活充满着不公平这一事实，才能够尽己所能去改变那些能改变的，而不是停留在抱怨、憎恶中自我伤感。换句话说，承认生活不总是公平的，不代表我们要逆来顺受，相反我们该把它当成一种生活中必经的路途，一种磨练，在遇到不公正对待的时候，学会承受、学会看淡看开，而后尽自己最大努力去改善生活、改变人生。

一个黑人小男孩，家境贫寒，7岁的他由于长期营养不良，显得特别瘦弱，但他的眼睛一直很明亮。一天，老师让同学们为“社区基金”捐钱，小男孩手里攥着自己捡垃圾赚来的三美元，激动地等着老师叫他的名字。他想，这样的话自己便可以自豪地走上讲台，捐出自己挣来的血汗钱。可惜，老师直到最后，也没念他的名字。

他问老师，为什么不叫自己的名字。老师严厉地说：“这次募捐，就是为了帮助和你一样的穷人。如果你爸爸出得起你五美元的活动费，你们就不用领救济了。更何况，你没有爸爸……”这句话，狠狠地伤了小男孩的自尊心。出身是错吗？没有爸爸是错吗？穷人就没有资格献爱心吗？这根本就不公平！小男孩含着眼泪冲出了学校。

这份羞辱被男孩铭记于心，他没有抱怨谁，只是变得更坚强了。他拼命地学习和做工，为了被人看得起，为了改变不公平的生活。如今，他已经是美国著名的黑人电台节目主持人了，他的名字叫狄克·格里戈。

太多不公平的经历，我们无法选择，也无法回避。有时，辛苦奔波了半天，换来的只是一身疲惫；煎熬了上百个日夜，没走到预期的终点；好心的付出，得到的却是冷漠相待……任你怎么抗拒，怎么埋怨，现实就摆在眼前，丝毫不会更改。我们能做的，就只有接受，而后看淡，继续做一个问心无愧的人。

当然，不公平也不尽是坏事，对于脆弱而消极的女人来说，它可以摧毁对生活的信心；可对于坚强并充满信念的女人来说，它也可以成为奋进的催化剂。一切，只在于心灵的选择。

有时，女人要学会改变衡量公平的标准，不要事事计较、苛求公平。往往，不公平都是源自比较之后的主观感受，若是试着改变一下比较的标准，也许就能消除心理失衡了，例如，眼睛别总盯着他人值得羡慕的地方，多想想自己生活的幸福之处，就会感到安心一点。此外，还要试着看开、包容，把那些不公平的事当成一种激励，也许在不久之后，不公平的事就转换成公平的事了。因为，只要热爱生命，一切都有可能，也都在意料之中。

## 得到的越多，承受的必然也更多

人生选择什么就必须承受什么，得到什么就会失去什么，这道理已没有什么质疑的余地，只是在日复一日随着工作或行程不停变换的角色扮演中，自己这个角色反而少有上戏的机会；而在几乎无声也无观众的演出过程里，和自己对戏的另一个唯一的角色就叫回忆。

——吴念真《这些人，那些事》

曾几何时，她的目光里都是艳羡，心里都是对生活的不满。后来，她终于明白，每一种生活都不容易，那些“拥有”的背后，也许是难以承受的沉重。

L是她的大学同窗。毕业三年后，和未婚夫买了一套90平方米的房子，想以此作为婚房。房子装修好后，L邀请她去做客。看着那田园风十足的装修和摆设，她也心动了，都是二十几岁的女孩，都渴望拥有自己的小家，可想想自己，跟男友租住在一间不足15平方米的次卧里，心情真是五味杂陈。

从L的新家回去后，她一句话都没说。男友问起，她心里突然有一种莫名的怒火窜了上来，质问对方：“你到底想没想过买房的事？看看我周围的朋友，都开始为以后的日子打算了，你就整天守着一台电脑打打游戏，根本没想过未来。”

提起房子，男友一声叹息：“不是不想买，我就算把家底掀了，也将将能凑一个首付，以后的生活质量还不敢保证，那样的日子你愿意过吗？你就只看见别人买房了，还贷的压力你看见了吗？”她不听，赌气夺门而出。

半年后，一同学结婚，她和L都参加了。她发现，一向好打扮的L穿得很朴素，也没有化妆，尤其是那款鞋子，竟然还是她们上次见面时穿过的那双。席间，L跟其他同学闲聊，说道：“现在，生活跟以前不一样了，处处得算计着，但凡手里有点钱，就想凑个整数存进银行，把贷款还完。我们那套房子，贷了60万，加上利息那也是个大数目了。有时候，想想也挺累的，大好的青春岁月，全都给一套房子掠夺了。可是，没办法啊，总要有个家……”

听到这些话，她之前的那点不平衡感，顿时少了许多。原来，有房的日子也不是那么好过，自己只看到别人的小家很温馨，可还贷的压力却无法感同身受。如果换成是自己，每天睁开眼睛就想着“今天还欠银行多少钱”，她不知道，自己究竟能不能承受？

H是她的女上司，35岁，做事雷厉风行，处理问题丝毫不讲情面。公司是做服装设计的，H是海外归来的出色设计师，很受大老板的赏识。

女人扎堆的地方，是非从来都不少，八卦更是一大乐趣。闲暇时，她和同事经常会在私下议论H，说说她的新款包和昂贵衣服。她嘴里说不嫉妒吧，可语气里分明透着一股子酸味儿，心想着自己什么时候能够和H一样，在同事面前风光无限，拿着高薪，开着自己的车，给父母安排境外游。

然而，一次偶然的机会，却让她看到了H鲜为人知的一面。

某个周五，她在单位加班到晚上8点，急匆匆地走出写字楼后，突然发现手机丢在办公室了。无奈，又只能返回去。此时，办公区已经很安静，她刚到走廊，就听见了有人在打电话。这个声音很熟悉，但语气有些低沉，隐约有点像H。

倒也不是故意偷听，只是有些好奇而已，她没有再往前走，就停在原地听着。如果她没猜错，H应该是在跟自己的好友对话，可谈话的内容，却让她很吃惊：

“说实话，我现在的状态很不好，每天都失眠到两三点，脑子昏昏沉沉的。我毕业后就一直在这家公司，算起来也有七八年了，一下子让我全部放弃，我心里很不舒服。每天要做的事很多，就算再累，也得硬撑着，丝毫不能放松。

“上个礼拜，我妈妈打电话过来，说我爸进了医院。我觉得自己特对不起他们，从上大学开始，就一直不在他们身边，现在工作了，也离得那么远。我能感觉得到，他们岁数大了，开始有点依恋我了，我也想多陪陪他们。不过，有时候我也很崩溃，一跟他们聊天，肯定会说起感情的事……

“我现在真不想听到那个人的名字。这件事我没告诉任何人，我们之间出问题了，有点严重，已经开始谈离婚的事了。他说，我很少顾家，不顾及他的感受。你是知道的，我们结婚时，他可真的是一穷二白，我没嫌弃他和他的家庭，但日子总要过下去的吧？我这么辛苦，这么拼命，不也是为了他和这个家吗？到现在，他反倒觉得我太痴迷于工作，不温柔、不解人意……我没有三头六臂啊，我也只是个普通的女人，我不可能事事都做得那么好……”

听到这里，她突然有点同情H了。过去，只看到她风风光光的一面，却没想到，她为人前的这份风光，为了这份高薪的事业，付出了那么多、承受了那么多、牺牲了那么多。H所有的骄傲、所有的坚强，都只属于人前的某一时刻。事实上，她也有脆弱的一面，她也有被呵护、被疼爱的需要，却找不到一个可以倾诉的人、一个可以依靠的肩膀。

她没有进去拿手机，转身离开了公司。错过了下班的高峰期，街上的行人已经不太多了，只有路上的车子开着灯疾驰而过。她内心感慨颇多，原来，一直以来，都是自己想错了。总把别人的生活想象得很美好，总看着别人的拥有和得到，却从不知道，得与失都是相等的，你得到的越多，往往承受得也越多，那份沉重，不是所有人都可以扛得起来。

有人曾说过这样的话："生活是打包来的，选择什么就要相应承受什么。"你想要干净清透的生活，就要承受一个人独处时的寂寞；你想要轰轰烈烈的成功，就要承受追求梦想时的艰辛和压力；你想要纯粹不掺任何杂质的爱情，就要承受舆论和他人的评议……没有哪一种生活是容易的，也没有哪一种得到是不需要付出的，只有学会了承受，才能活得义无反顾。

# 在死胡同的尽头，窥见另一片天空

我的人生如同一根皮筋，一路直拧上升，拧到不能再拧之时，忽然，风吹云散，皮筋崩开，一路松缓下来，松坦而去，从此一马平川，隐隐望见无限之处。这就是我所说的，在死胡同的尽头，窥见另一维度的天空之门。

——廖一梅

她说："人总是有些拂逆的遭遇才好，不然是会不知不觉地消沉下去的。"说这话的时候，她一脸的平静，好像在转述着一条生活哲理。可实际上，她是在说自己的人生。

15岁那年的秋天，伴着夕阳的最后一抹光亮，父亲带着不安和不舍，永远地离开了这个世界，离开了她和母亲。也许，人悲伤到一定程度的时候，往往会变得异常沉默，她从没有见母亲放声大哭，只是从那天起，母亲就经常一病不起。

父亲的丧事过后，母亲拿出父亲留下的钱夹，里面就剩下了30块钱。她无别选择，只好退学，与刚刚读了几个月的高中诀别。对她来说，这是一场心灵的浩劫。她的青春之路，她的高考之途，因为丧父这一厄运，变得多舛。她咬着牙、带着同龄人少有的成熟，步入了社会，为了生活而打拼，没有一声怨言。

最初的一份工作，是在村里给别人的承包田刨玉米秸秆。她累得浑身是汗，却不敢停下来。刨到了最后一垄时，不知是过于兴奋，还是过于疲惫，她竟然把手中握着的镬柄插向了脚踝，顿时伤处翻出了白肉，没有流太多的血，也没觉得太疼，她用毛巾紧紧地勒住了伤口，孤单地坐在地头上，眼泪簌簌地流了下来。

在那个年代里，她和周围的人一样，想要改变命运的欲望，想要逃离农村，这种想法渗入了她的灵魂深处，每每想起，都感觉热血沸腾。

终于，机会来了。省内农村教师资源匮乏，中等师范院校开始面向初中毕业生招考。这个消息对她来说简直是天大的喜讯，就像是一个溺水的人抓住了一根救命的稻草。她像着了魔一样，惜秒如金地看书，生怕现实再次夺走她的希望。

然而，现实依然很残酷，不是你付出了多少，就能回报你多少。在全县中师考试中，她的成绩位居第三，本以为一切都会水到渠成，却不料在最后的那一刻，她的录取资格被取消了！得知这个消息时，天空正下着大雨，她站在院子里任凭雨水冲刷，却怎么也浇不熄内心的愤怒之火：难道，就因为我曾经读过高中？难道，不是以成绩决胜负？

哭过之后，她依然不甘心。她把所有的疑问和内心所有的感受，写在了信纸上，并投给《中国青年报》。可是，等了许久，信如石沉大海，没有任何回应。人生的梦想再一次破灭了，任何话语都无法安慰她那颗受伤的心，她只有在深夜独自舔舐伤口，等待着它自己愈合。

18岁那年，村里发布了征兵的通告，她第一个报了名。在她看来，至少这又是一次可能改变命运的机会。她骑车到离家25公里的县城去体检，一路上并不觉得累，看着街道两旁的落叶，也没有了苍凉之感。体检很顺利，她完全合格，为了庆祝这件好事，她特意约了朋友到镇里看电影。父亲去世后，她还是第一次这么奢侈，目的是想跟好友惜别，再者就是为了即将开始的军旅生涯喝彩。

没想到，事情又出现了滑坡。三天之后，乡里通知她复查，如果不去，就等于自动放弃资格。无奈之下，她只得再去一趟县城，结果，她的身体状况变成了“不合格”。她终于明白，原来很多事情不是靠一厢情愿就可以的，也不是所有事都能讲求“公平”二字。村里只有一个服役指标，村里一个女孩的舅舅在部队当连长，他们通过复查的微妙方式，顶替了她的名额。

她决定离开家乡，到城市里打拼，闯出属于自己的一片天。

最初，她只能到厂子里去做女工，一边做一边等着机会的垂青。恰好就在此时，家乡的一位教师因为“超生”被辞退，一个选择摆在她的眼前：继续留在城市里，还是返回村里应聘代课老师？她果断地选择了后者。

竞争异常激烈，上百人争夺3个教师职位。她终于在人群中闪出了自己的光芒，在全乡的应聘者中，她的成绩出类拔萃。听人说，这个职位本来已经被内定为某村书记家的女儿，可因为某位新上任的乡领导坚持公开，给了她这样无权无势无钱的人一个机会。

19岁，当年高中的同学刚刚进入象牙塔，而她已经身在农村做了代课老师。在坎坎坷坷的路途中，她感受到了希望，并坚信着未来会很美好。

然而，代课的第一天，校长就告诉她：“如果不适应，随时都有可能被整顿下去。”她当然听出了话外之音，一个没有父亲、母亲病重在床的穷孩子，难免会受到歧视。但她不怕，她享受着与孩子们在一起的快乐。孩子开心了，家长认可了，她的日子也就好过了。

代课三年多，她先是教学前班的孩子，后教三、四、五年级的数学和语文，再后来又开始给初中的学生讲授物理。她担任过许多课程的老师，也调动过两个学校。她爱这些学生，深知他们与她一样，都是平民家的希望，她渴望教会他们更多的知识，让他们靠着这份力量改变一生的命运。有了三年的教龄之后，她顺利地参加了师范院校的招考，并顺利通过。她终于离开了农村，改变了农民身籍。那一年，她22岁。

她无比珍惜在师范院校的时光，终日与书为伴，在灯下苦读。她实在不愿让无尽的苦难和无奈的现实，夺走自己宝贵的青春和这得来不易的机会。她侧重于写作方面的培养，频繁地更换着借阅的书籍；室友们都在熟睡的时候，她就悄悄地走出寝室，在外面的灯光下汲取着知识的养分，就像是饥饿了多年的孩子。

在师范院校的第二年，她试着把自己写的一篇作品发给了某杂志社，没想到真的被录用了，还得到了编辑的约稿函，此后便一发不可收拾，省内外的杂志上不时地出现她的评论和杂文。待到毕业之后，先后有四家单位与她约谈，24岁的她，最后选择了在一家报社做编辑。

入职那天，她望着头顶的蓝天，俯视脚下的土地，回望走过来的路，心中感慨万千：很多时候，看似是无路可走，其实一转弯，就有了新的方向。尽管经历了诸多的不幸和苦难，却也在此过程中练就了坚强的意志，这未尝不是另一种幸运。

# 上帝为你关上一扇门，必会打开一扇窗

越长大越明白，人生有时真的需要等，该来的让它来，该走得让它走；不强求，也不强留，看不开的总有一天会看开，得不到的总有一天会以另一种方式给你；不着急，也不抱怨，就看时间会给我们什么样的答案，或许答案也并不重要，看淡了就没什么是最重要的了，哪怕人忘齿寒。

——吴忠全

在一次可怕的海难事故中，船上唯一的幸存者被海浪冲到了一个无人居住的小岛上。劫后余生的他，热情地向上帝祷告，希望自己早日得到营救，并每天留神地观察地平线上的变化。可是，过了很长时间，什么都没有出现。

无奈之下，筋疲力尽的他只能想办法用漂流的木头搭建一个小茅屋，为自己挡风遮雨，储存一点仅有的东西。有一天，当他寻找食物回来时，突然发现自己的小茅屋起火了，滚滚浓烟冲向天空，他只好眼睁睁地看着自己所有的东西被大火燃尽。悲愤的他大声地喊道："上帝啊，你怎么能够这样对我呢？"语气中充满了绝望。

然而，意想不到的事出现了。第二天早上，他被轮船的声音唤醒，这艘船是来营救他的。疲倦的他问营救者们："你们怎么会知道我在这里？"营救者们说："噢，我们看到了你的信号烟。"他笑了，本以为茅屋在地面上燃起，烧毁了所有，没想到那是信号烟在召唤着上帝的恩典。

高尔基说过："生命的本意是爱，谁要是不会爱，谁就不能理解生活。"

当一件事情变得糟糕时，很容易令人沮丧、丧失勇气，可这件事告诉我们一个真理：当上帝为你关上一扇门的时候，必然会为你打开一扇窗。海上没有不带伤的船，人生的不幸和不完美，就如海上的波澜、天空中的阴霾一样自然。若草率地认为生命毫无意义，从此消沉颓废，无疑辜负了生命的大好时光。

她长得丑，并非是自惭形秽，而是一个公认的事实。很小的时候，周围的孩子见到她就会捂着嘴笑，笑她卷而凌乱的头发，笑她那只有一道缝隙大的眼睛，笑她黝黑的皮肤。所有跟美丽、可爱有关的词语，她只在书本上见过，从来没有人这样形容过她。

年纪虽小，可她心里那颗"怨恨"的种子却已开始萌芽。她怨恨父亲，怨恨母亲，觉得是他们把不美好的基因遗传给了自己。对镜独照的时候，她偷偷地哭过许多次。到了青春期的时候，周围亭亭玉立的女生，就像是一朵朵娇艳的花，而她永远在扮演着墙角里的一株草，不起眼、不漂亮。

世界不会遗弃任何一个人，对她也如是。她没有漂亮的容颜，可却比那些漂亮的女孩多了几分聪明、上了高中以后，班里多数女生在理科成绩上，普遍没有男生高，唯有她独秀一枝；许多男生在语文和英语上缺乏兴趣，而她却有着出色的文笔，说着一口标准而流利的英语。懵懂的年纪，许多女孩子不由自主地迈进了早恋的禁地，而她，因为少了美丽的面孔、少了异性的欣赏和追求，反倒更有时间和精力专注于学习。

高考结束后不久，她收到了北京外国语大学的录取通知。多年的丑小鸭，在众同学和老师的赞许中，第一次展露出了天鹅般的美丽，这是一份无法靠妆容修饰出来的魅力。

大学的生活很丰富，她读了很多书，知道了许多从前未接触过的东西，熟悉了许多知名人物的故事。眼界开阔了，心也跟着宽了。她终于明白：其实容貌不代表什么，也无法决定什么，就算周围大多数人轻视你、嘲笑你，也不意味着这个世界上没有人欣赏你。更何况，生命的价值不只在外表，丰富的内在和学识，足以弥补这一天生的缺憾。

毕业后，她以优异的成绩拿到了美国一所大学的录取通知书，演绎了草根女孩战斗在美利坚的奇迹。此时的她，样貌上依然算不得漂亮，可她活得很漂亮，心里对生活再没有一丝一毫的抱怨，有的只是无限的激情与热爱。黝黑的皮肤，波浪的卷发，让这个眼睛小小的女孩，多了一份东方女孩独有的气息。她的外国同学，看到她时就如同看到名模吕燕那般惊讶。

后来的她，在一家世界百强公司任职，平时兼职做商务翻译。她的自信、她的能力，已经完全让人忽略了她的容貌。她在博客上写了很长的一篇文章，主题就是：这世上总有属于你的那一份精彩。

人生不可能处处都很圆满，也不可能一帆风顺，坎坷挫折、残缺遗憾在所难免。可不管怎样，女人都该保持平和的心态来看待，要知道“山重水复疑无路，柳暗花明又一村”，心里有阳光，生活就不会永远阴霾。上帝关了一扇门，必会打开另一扇窗。与其在原来的门前流连忘返，不如去发现那扇打开的窗，找到属于自己的天空。

# 所有过去了的，都将成为亲切的怀念

假如生活欺骗了你，不要悲伤，不要心急！忧郁的日子里需要镇静：相信吧！快乐的日子将会来临。心永远向往着未来；现在却常是忧郁：一切都是瞬息，一切都会将过去；而那过去了的；就会成为亲切的怀念。

——《假如生活欺骗了你》

英国著名散文家约瑟夫·艾迪逊曾说：“真正的幸事往往以苦痛、丧失和失望的面目出现，只要有耐心，就能看到柳暗花明。”一个女人在不幸中懂得的东西，永远比在幸运中懂得的要多。因为幸运只能让她享受人生，而不幸却能让她读懂人生。

莫冉走到一家花店门口，看到玻璃橱窗里盛放的鲜花，眼睛模糊了。她的心伤痕累累，残败凋落，与那些怒放的生命形成了鲜明的对比。回顾自己的人生，多半日子都顺心顺意，懵懂的年华里，也曾为赋诗词强说愁，以为长两个青春痘、体重飙升了几斤、和朋友吵架拌嘴、被老板扣了工资，就是所谓的“人生无常”。可事到如今，她才知道，自己多么幼稚、多么不谙世事。

怀孕五个月了，原本沉浸在幸福中的她，却被一场突如其来的车祸夺走了成为准妈妈的权利。自己的身心还未调整好，一向工作稳妥的丈夫却在一件大业务上出了差错，遭到公司的无情解雇。那份工作，丈夫倾注了所有的心血，打击可想而知。她想安慰，可言行却显得那么无力。

马上就要到感恩节了，花店的门口挂着一个牌子，说有特别礼物奉送。可惜，人在低落的时候，眼里的世界是黑白的，再美好的东西都会变得黯淡无彩。她想不明白，自己该感恩什么？感谢那个撞了自己的司机？感谢丈夫的公司给了他换工作的机会？她嘲讽着生活，推开了花店的门。

莫冉是这家花店的常客，女老板与她也算熟悉。见她进门，笑脸相迎，问她是不是为感恩节买花？莫冉冷冷地回答不是，说自己没什么可感恩的。她很少这样与人说话，但此刻的她，却只想找个地方、找个出口，释放压抑在心里的苦。不是针对谁，只是有点情绪失控。

女老板是精明人，自然嗅到了莫冉身上消沉的气息。她说："我知道你需要什么花了。"只见她走进里面的工作间，出来时抱着一大堆绿叶、蝴蝶结和一把又长又多刺的玫瑰花枝。那些玫瑰花枝被修剪得很整齐，只是上面一朵花也没有。

眼前的一幕，让莫冉愣住了。她疑惑着看着花店女老板，说："这是……"

女老板笑了，那一笑清婉而明媚，说："这是店里的特别奉献，叫作——荆棘花。"

莫冉只知道荆棘鸟，却从未听过如此奇怪的花名。女老板缓缓地说："看得出，你好像不是很开心。愿意坐下来聊聊吗？"莫冉没有拒绝。女老板泡了两杯咖啡，并没有问莫冉的近况，而是给她讲起了自己的一些往事。

"几年前，我感觉日子糟糕透了。那时候，我哥哥染上了毒瘾，欠了很多钱。要债的人每天上门，逼得母亲走投无路，吃了大量的安眠药，幸好抢救及时；父亲被气得也生了病……一个好好的家被折腾散了。说实话，我恨我哥，也埋怨父母，若不是他们骄纵唯一的儿子，也不会惹得那样的下场。可你知道，打断骨头连着筋，血浓于水啊！之后，哥哥被送进戒毒所，我拼命地工作，帮他还钱，维持家用。似乎一夜之间，我就长大了。

“接纳了现实之后，我也想通了。每天有昼夜之分，生活也一样，黑暗的日子也是生活的一部分。只不过，过去的我一直享受着生活里的‘花朵’，忽略了荆棘的存在，忘了它们本是一体的。现在，我的心非常平静，就算再被荆棘刺伤，我也会感谢它，它让我知道了什么是真实的人生。再然后，我开了这家花店，每年的感恩节，我都会为一些特别的人，送一份特别的礼物。”

女老板指着那束没有花的荆棘花，对莫冉说：“你看这荆棘，长得多难看，可是，它能把玫瑰衬托得很美，让玫瑰变得与众不同。遇到不幸的时候，别去恨它，要学会接受。若不是它的出现，你又怎么会知道，从前那些平淡简单的日子，也是难得的幸福呢？更何况，当你坦然地走过这段路，再回望时，你会发现，它们其实没那么糟，甚至还会让你由衷地产生一种感激，感激它的存在，让你变得坚强，让你发现自己的另一面。”

莫冉问：“这束花多少钱？”女老板摇摇头，说：“不要钱，算我送给你的。”

走出花店，风依然有些冷，可阳光却很温暖。莫冉打开荆棘花里面的贺卡，上面写道：“也许你曾无数次为生命中的玫瑰感动过，却不曾留意过荆棘。这一次，愿你真正地明白荆棘的价值，向生命中所有的不幸说一声谢谢！”

从一个脆弱而单纯的女孩，长成一个坚强而独立的女人，少不了风雨的洗礼、荆棘的刺伤。这份化茧成蝶的痛，注定会有眼泪和悲伤，也注定只能一个人承受。你看那些笑靥如花的女人，不是没有忧伤，而是学会了坚强；不是没有跌倒，而是学会了疗伤。

白岩松曾经安慰柴静说：“人们声称的最美好的岁月其实都是最痛苦

的，只是事后回忆起来的时候才那么幸福。”没错，每一场经历都是生活的积累，每一次坎坷都是生命的历练，那些不幸、那些痛苦，终会在风平浪静之后，变成生命中最亲切的怀念。

当我们在生活中遭遇挫折的时候，与其埋怨这个世界，不如安然地改变自己。不必去向别人证明什么，也不必盯着别人的生活为难自己，更不必患得患失地自悲自叹。许多事情，换个角度看，其实都可以笑着处理，笑着释然。累了就停下歇歇，倦了就从容栖息，心安是最美的状态，淡然是幸福的开始。

# 辑八

## 做一朵舒卷自由的云，淡然是幸福的开始

## 脱去抱怨的枷锁，直面所有的问题

我们可以把社会人群比喻为一堆火，明智的人在取暖的时候懂得与火保持一段距离，而不会像傻瓜那样太过靠近火堆；后者在灼伤自己以后，就一头扎进寒冷的孤独之中，大声地抱怨那灼人的火苗。

——叔本华《要么庸俗，要么孤独》

1942年9月，维也纳知名精神病学家维克托·弗兰克尔被逮捕，他与妻子和父母一同被遣送到一个纳粹集中营。事实上，他什么罪也没有，只因他是犹太人。三年后，他所在的集中营获得解放，这原本是一件好事，只可惜，他怀孕的妻子以及大多数家人在此之前都已纷纷离世，只剩他一个人活了下来。

在纳粹营的日子里，亲眼目睹至亲至爱的人离开，可他却始终没有放弃对生存、对自由的渴望。他每天都坚持刮胡子，无论身体多么虚弱，哪怕是用一片玻璃刀当作剃刀，他也坚持这样做。因为——刮了胡子就让自己看起来脸色红润、健康状况不错，从而避免在列队检查时认为身体欠佳，而被送进毒气房。然而，纳粹营每天只供给两片面包和三碗稀麦片粥，他的身体还是在日趋衰弱，并要忍受重负荷的劳动，经常夜里三点就被叫起来去工作。

维克托·弗兰克尔无时无刻不在想逃离的办法。同伴们得知他的想法，都嘲笑他痴人说梦，来到这个地方就没有人能活着出去。既然来了，就安心地干活吧，这样兴许还能多活几天。弗兰克尔不相信自己会在这里死去，他发誓一定要活着出去。

机会，终于来了。一次野外干活时，弗兰克尔看到不远处有一堆赤裸的死尸，他在这些死人的身上看到了生的希望。趁着黄昏收工的时候，他钻到了大卡车底下，把衣服脱光，趁人不注意悄悄地爬到了那堆死尸上。尸体散发着令人作呕的气息，还有蚊虫的叮咬，他咬着牙忍受着。直到深夜，他确定周围没有人了，才爬起来光着身子一口气跑了70公里。

弗兰克尔真的逃了出去，简直成了奇迹。后来，他对人们说："在任何特定的环境中，人们还有一种最后的自由，就是选择自己的态度。"

对积极的人来说，世间没有什么事是糟糕到极点的，也没什么境遇能够把人逼上绝路。不管遇到怎样的情形，只要内心还存有希望，不抱怨、不沮丧，努力去寻找化解的的办法，直面所有的问题，终会找到柳暗花明的转角。就像英国诗人威廉·亨利说得那样："我是命运的主人，我主宰自己的心灵。"

女人，既可以选择让自己活在地狱，也可以选择让自己生在天堂，决定权无关外物，只关乎于心。乐观的女人处处可见"青草池边处处花"、"百鸟枝头唱春山"；悲观的女人时时感到"黄梅时节家家雨"、"风过芭蕉雨滴残"。

当然，女人豁达不抱怨的心态，不是与生俱来的，也不是一蹴而就的，唯有在平常的日子里努力积极乐观，才能在遭遇低谷的时候不失淡定。

因为天气原因，机场的广播里陆续传来各个航班延时的通知，准点起飞的寥寥无几。依岚和朋友过了安检后，安安静静地登机口坐等，她买了三本书，朋友则开始打盹。

听闻航班延迟，乘客们开始按捺不住情绪了，大多数都显得异常焦躁，扎堆找机场的工作人员询问。距离依岚最近的登机口，站着一个年轻的女孩子，穿着一身制服，显然是工作人员。她被一群乘客围着质问："到底什么时候飞？”“为什么不让我们登机？”“凭什么要我们等？”“解释清楚流量控制是什么意思？”还有一些人，当众怒斥人家是骗子。一时间，抱怨的声音不绝于耳。

刚刚还在打盹的朋友，被嘈杂的声音吵醒了，眯着眼睛说：“唉，为难人家一个小姑娘做什么？这些事又不是她说了算，况且天气原因，跟人家吵什么呢？白白消耗体力。”说完，打了一个哈欠，无视眼前的一切，继续打盹。

半小时后，机场工作人员送来了盒饭和水，一群乘客蜂拥而上。不过，这并没有让他们停止抱怨。有人一直嚷嚷，饭送来得太晚了，饭菜的品质太差难以下咽。朋友一边吃，一边说道：“如果人家没提供饭，吵闹也没有用，那又怎么办？还不是要自己去饭馆吃？还不是得继续在这里等着？送来了就谢谢人家，吃不下去就不吃，说这些话有什么意义呢？送晚了就晚了，抱怨也没用，怎么一点都不知道感恩呢？”

吃过饭之后，传来消息说，飞机已经到了，只是要再做一个小时的准备工作。这下，四周的人又开始急了，说太晚下飞机没有大巴了，说延误这么久要有经济赔偿，说候机大厅太冷……还有人试着要冲开登机口的门，场面一片混乱。依岚望着眼前的景象，不知道该说些什么。朋友摇摇头：“横竖都要等，闹就能起飞了吗？”

终于，在等候近三个小时之后，广播通知可以登机了。乘客们着急忙慌地冲到登机口，挤着检票登机。朋友笑道：“先上去了也不会起飞啊，座位都是固定的，那么着急干吗呢？”说完，才慢悠悠地收拾东西，准备起身。

看着朋友不慌不忙的淡然样子，依岚心中感慨颇多：几年前，她和朋友也跟那群吵闹的乘客差不多，脾气火爆，可如今却已是另一番心态了，在面对那些不可更改的问题时，懂得了保持平常心。想必，在岁月的洗礼和内心的同修过程中，她们都希望在告别二十几岁青春的坎儿上，努力成为一个不抱怨的幸福的人。

遇到小事不慌张，遇到大事不怨怼，从从容容、淡然面对。如此，才是做女人最好的姿态，才是对生活最好的热爱。

# 心似海洋，<br>你当温柔却有力量

有时候我们倾其所有，为的只是获得一种安全感。却不知，人从出生开始就背负着博弈、抵抗、挣扎的使命，而心灵的漂泊与惶恐是永久且无法回避的。所以，真正的安全感取决于我们对这个世界的认知与体验，以及内在修为和自身力量的强大，而不是依靠赢得他人的赠与。

——易小术《没有梦想，何必远方》

安全感，几乎是每个人都渴望和寻求的东西，特别是女人。当女人陷入犹豫不安时，总希望有一些阳刚之气来调节阴性思维，作为缓解和依靠。渐渐地，这种对安全感的享受就变成了依赖。

青鸟，人如其名，是个典型的小鸟依人型女子。丈夫比她大10岁，对她的爱，像恋人又像兄长。青鸟一直很享受被照顾的感觉，她觉得老天对一个女人最大的恩宠，就是让她一辈子都像孩子般活着。后来，丈夫的事业做大了，经常要到各地出差，待在家里陪青鸟的时间越少越少。

这时，青鸟陷入了恐慌之中。她打电话给朋友，委屈地说："这么久了，我都习惯他一双强有力的手做支撑。以前，我睡觉的时候，总让他把手放在我的腰上，只有他环抱着，我才能睡得踏实。就算他出差去外地，我也会给他发短信说，请你把手放在我的腰上好吗？方便的时候，他也会回复我说：好，我的手一直在你那里。如果能够马上听到这样的话，我心里就觉得很安全。如果不能，就会觉得焦虑发慌，睡不安稳。”

青鸟是个极度缺乏安全感的女子，所以才需要一双手做支撑。可是，谁能保证这双手永远都在呢？没有心灵支点的女人，在生活中永远只能以弱者的姿态出现。可人生是无常的，没有永远的靠山，唯有把支点放在自己身上，才能让心灵变得充实，拥有强大的力量。

很喜欢江美琪的那首《我心似海洋》，她用轻柔的声音低诉：“我的心是一片海洋，可以温柔，却有力量……”女人心，当如海洋，温柔得可以包容所有，却永远不失自我的力量。

简宁是个典型的东方女孩，从小受亚洲文化的熏陶，她一直觉得女生就应该是柔弱的，需要得到更多的照顾和疼爱。二十几岁的时候，周围的朋友纷纷恋爱了，她也向往爱情，并希望能遇到一个人品好、家庭好、事业好、身体好、样貌好的男生。她觉得，这是女人得到幸福的指标。可惜，还没有找到如意郎君，她就到德国留学了。

为什么要去德国？简宁说，这跟父亲有很大的关系。报考学校前，父亲就跟她说：“一个有理想的女人，应该去德国发展，那里才有真正的男女平等。德国的女人们很强势，但德国女人的强势，是自由发展起来的，也是德国男人真心承认并尊重的。默克尔就是个很好的例子。德国的男人，允许一个女人坐上总理的位子，允许她在政界呼风唤雨。”

简宁到了德国，她敬佩并渴望，甚至有点嫉妒德国女人的强大。她们心里，似乎从来没有性别差异的概念。在国内篮球比赛中，男生几乎不会跟女生一起玩，哪怕他们玩得再不好，也会觉得篮球不是属于女生的娱乐，在他们心里，女生只能是当拉拉队喊加油的。在德国，她经常在体育馆跟男生打球，只要你会站位，努力体现自己的价值，他们不会因为你是女生而不传给你。

回国后，她在亲戚朋友眼里已经算是大龄女青年了，大家纷纷给她介绍男友，说年纪大了就找不到好对象了，而介绍的各类人选均以“有房、有车、收入稳定”等作为花絮。对此，简宁说：“我不在乎那些。我不会因为钱嫁给我不爱的人，也不会因为钱离开我爱的人，我希望做任何事都随自己的心性。要房子，我自己买；要钱，我自己赚；要爱人，我自己找。”

毋庸置疑，这个心似海洋、充满力量的女子，知道什么是爱，更知道什么是真正的幸福。

作为女人，可以去爱，却不要依赖。你可以撒娇，也可以哭泣，但内心要有属于自己的支点，能够承受得住生活的巨大压力，能够忍受艰难挫败在生命中来了又回，能够在身边的人需要的时候成为他们的依靠，而不只是依赖着别人，当一株弱不禁风的小草。

作为女人，不要为了家庭和孩子放弃你的事业，要有自己的圈子。走出了狭小的家庭空间，你会不断发现自己的美丽，发现自己的能量，而丈夫和孩子，也会发现你对整个家庭是多么重要，让他们感受到生活缺少了女主人会变得一团糟。其实，这无不是经营家庭、体现个人价值的一种方式。

身为女人，不管是做公务员，还是做家政服务员，都能在事业上独当一面。这是让身心强大的有力支撑，工作不只是为了赚钱，更重要的是让你有自己的一片天，它能给你自信，让你独立，获得幸福。

当你努力成为了这样的女人，那么不管你走到哪儿，和谁在一起，都有足够的力量给自己幸福，给身边的人快乐。

# 从容一些，人生没有最好的选择

人生哪有那么多观众啊，是自己常常入戏太深。这个社会没空理你。一切的一切可说再见，也可说再也不见。坦白说，没什么大不了的，缝缝补补懒里吧唧的人生不是我想要的。既选择，勿回头，勇敢向前走吧。自由自在，像风一样，迎着山谷上升，贴着大地飞翔，以梦为马，直到世界尽头！

——《走吧，张小砚》

读大学时，刘薇谈过一个男朋友。对方长得眉清目秀，只可惜家不在本地，个性又太强，临近毕业时，为了去留的问题两个人争论不休。最后，男孩义无反顾地去了上海，刘薇留在了大连。起初，两个人还保持联络，可时间久了，彼此见不到面，打电话发短信也总是闹误会，无奈之下只好分手。

度过了两年的感情空白期，家里人开始催促刘薇去相亲。她觉得，这一次谈恋爱一定要谨慎，要找一个家在本地的男孩，性格也得温和点，绝不能像之前的男友那样，为了一点事就跟自己吵吵嚷嚷，她实在无法忍受。

刘薇这次精挑细选的对象，是一个性格温和的男孩，什么事都顺着她、让着她、很少发脾气、家离得也不远。恋爱之初，刘薇感觉很好，可慢慢地她又厌烦了，觉得对方不太适合自己，性格温和固然好，可很多时候缺乏主见，也没什么思想。她心里开始迟疑，也有点后悔。毋庸置疑，最后两人也是以分手告终。

接下来的日子里，她重复着这样的过程：选择，放弃；再选择，再放弃。到后来，身边的人也不愿意给她介绍对象了，都说这女孩子太挑剔。作为父母，自然了解女儿的秉性，尤其是从事心理研究工作的父亲，更是觉得有必要给女儿上一堂“人生课”。

恰好，家里的老房子拆迁，新房还没有拿到钥匙，一家人只能暂时租房住。父亲把租房的任务交给了刘薇，刘薇自信满满，说没问题。其实，那是她第一次租房，没有任何经验，可脑子的想法却不少：一定得有落地窗，光线好；小区周围的设施要全，方便日常生活；最好有集体供暖，冬天住着比较舒服……开始，她觉得这事只要交给中介，一切都能按照预想的计划来，在她看来，这些要求也不算太高。

结果呢？中介带她看了几套房子，她都不满意：带落地窗的房子，都是近几年新建的，周围设施比较完善，可多数都是天然气自取暖型；那些有集体供暖、住着舒服的房子，往往看起来都比较老，楼道也很旧，而且都是板楼，没有电梯。

选择有落地窗的大房子，那么冬天就得自行取暖，至于房间是否暖和，这部分费用是多少，都是未知的；选择陈旧的老楼，格局不太满意，少有南北通透的房子，总觉得房间里不够亮堂，若在三楼以下还好，若是五六楼，家里的老人上下楼也成问题。

一时间，刘薇也犯了难，不知道怎么选择。她把情况跟父亲说了，父亲在众多的房源中选择了一个：旧式老楼，三层，三居室。他觉得，这个楼层还算合适，慢慢爬上去不会太累，重要的是老楼冬暖夏凉，冬天供暖往往也会提前几天，比较适合“怕冷”的家庭成员。

搬进了老楼之后，父亲就选择房子的事对刘薇说：“做人做事不要太犹豫。很多时候，你不敢去选择，害怕去选择，就是因为害怕承担结果。总是希望能有一个选择可以满足你所有的想象，可我要告诉你，人生从来都不存在最好的选择，只能承担自己的选择。选房子如此，选择结婚对象，也是如此。”

生活中，许多女人都跟刘薇一样，苦苦地寻找着“最好的选择”。然而，生活的真相是：如果不停地选择，不停地追逐下一个所谓更好的目标，那么结果往往一无所得，甚至还会留下许多懊悔。

儿时的你，或许就听过这个故事：小猴子下山找吃的，先是走进玉米地，看见玉米又大又好，随手就掰了一个，扛着往前走。走着走着，又看见一棵桃树上结满了桃子，它扔了玉米去摘桃子。捧着桃子往前走的它，又看见了满地的西瓜，于是扔了桃子摘西瓜。抱着西瓜回家的路上，又看见只兔子，便放下西瓜去追兔子。结果，兔子没追到，自己两手空空。

人生就如同一张试卷，上面尽是选择题，而我们从出生开始，就注定要不停地做出选择。年幼时的选择常常是轻而易举的，考虑得也少，随着年龄的增长，考虑得越来越多，渴望得越来越多，计较得也越来越多，在面临选择时，就变得犹豫了。总担心，这一刻选择了，下一刻还有更好的；又担心，选择了眼前的之一，错过了另外一个，日后会后悔。到最后，心变得越来越迷茫，越来越不知道自己想要什么。

其实，对于那些已经选择了的，真的不必再去后悔了。人生这张考卷，没有完美，只有尽力。勇敢地去承担自己的选择，把现在的选择变成最好的，最适合自己的，就是成功。更何况，选择好不好，更多的是自己内心感受的好不好，选自己所爱，爱自己所选，就能活出无悔的人生。

# 亲爱的，放下你的劳累与重负

冬天过后总有春天，就像天黑了总有天亮的时候。但冬天还会来，天还会黑。所以天黑了就学会睡觉，冬天了就学会加衣，下雨了就学会撑伞，心累了就学会休息。在下一次天亮的时候，能更好地把握时间就行了。有喜就有悲，有阴影也就有光，不悲观、不乐观，活在当下最重要。

——卢思浩Kevin

曾看过一部电影，至今印象颇为深刻：

女主角兰妮是西雅图的一名新闻主播，为了争取到全美知名栏目《早安美国》“新面孔”的机会，每天不知疲倦地工作，尽所有可能抓住一切采访机会，增加在电视上的曝光率，以给栏目制作人留下深刻印象。

这一天，在采访街头预言家杰克的末尾，兰妮忍不住向对方问起关于自己的运势：“那么依您看，我是否能够得到这份梦寐以求的主持工作？”

“不，我想不会的；而且更不幸的是，一周后您将会因为意外而死亡。”

兰妮起初对此并不相信。但当她了解到杰克关于天气和棒球队比分的预测全部命中时，她开始感到紧张。好在，随即走进医院的她在进行了全面检查后，并未有任何异常的结果。

可是这时的兰妮已经不再能那么沉稳了。为了证明，她再一次找到杰克，并从杰克口中得知有地区将会发生地震。没想到第二天早晨，兰妮从新闻头条中真的得到了该地区地震的消息。她沮丧至极——杰克的预言是真的!

只有一周的日子了，我该怎么度过？兰妮开始重新审视自己的生活。她决定卸下所有伪装好好度过余下的时间：她与对自己漠不关心的男友卡尔分了手——即使他是棒球队明星，实际上，兰妮与自己的搭档摄影师彼得一直互有好感，只因兰妮已经订婚双方都把这份感情深埋心底。在一次采访罢工出租车司机时，兰妮一改往日“官方发言人”的风格，与出租车司机站到一条战线上并高唱励志歌曲，成为人们的焦点。因为兴奋和劳累过度，兰妮昏了过去，醒来后看到的第一个人是彼得，彼特决定陪兰妮走完最后的路。他将自己的儿子介绍给兰妮认识，三个人度过了愉快而难忘的一天。

在跟父亲和姐姐做了简单告别后，兰妮准备等待预言的降临。但出乎兰妮预料的是，她等来了一个消息：她对出租车司机的疯狂采访被《早安美国》的高层看到，兰妮被录取了！她似乎看到新的生活正在等待自己。可，杰克的预言呢?

在“一周”只剩下最后两天时，兰妮被《早安美国》节目组安排去采访一位知名女强人。虽然事先也写了采访提纲，但兰妮在真正面对被访人时却没有带稿，只是人与人之间最真诚地沟通，对方竟然在节目中落了泪。这一场面出乎所有人的预料，兰妮的节目创下了收视率的新高。然而当节目播出的第二天，被访者却提出要兰妮离开电视台。

恍惚中，兰妮从电视台走出。此刻她只想回家，卸下所有的“装甲”，安心踏实地度过最后的时光。突然一声枪响，兰妮倒地：马路上几名警察正试图制服一名歹徒，歹徒手枪走火……

经过一番紧张的抢救，兰妮终于苏醒过来，看到的第一个人还是彼得——他们终于走到了一起，轻松愉快地生活。兰妮知道自己的一部分已经死去，重生的她将不带任何伪装和盔甲地生活下去。

很多时候，我们以为对自己的期望越高，对美好事物追求得越极致，人生就越成功。每时每刻都有制定好的计划，上班时像一台永动机，下班后还有为了充电奔赴第二战场，连休息日也不放过。想想看，你有多长时间，没有动手为自己做过一顿饭、没有读过一本喜欢的小说，忙得没空与亲人聊天？这种忙碌和疲惫，是不是经常让你感觉情绪烦躁，可你就是不肯承认自己累了，不肯停下来休息，总觉得一切还不够完满，总觉得还没有过上自己想要的生活？可是，有没有人告诉你：当你正在为生活疲于奔命的时候，生活已经离你而去？

当你能够把内在世界调整得很好的时候，外在世界也就会自然而然变得顺利。为了此时种种所戴上的盔甲所承担的负累，到不了彼时，就都如尘烟一样化为浮云，何其渺也！诚实地面对自己，面对世界，才会清醒地认识到该去做什么，怎样去做，日子才会变得愈发丰盈。

别再苦苦苛求自己了，非要到了崩溃的边缘，才肯冲着自己的内心说一句“我累了，再也跑不动了”。如果累了，现在停下来歇歇，不是只有快节奏才能释放生命的能量，品茶赏月又何尝不是对生命的一种呵护，对美好生活的一种体验呢？

席慕容对生命有过这样一段描述：“每一朵花，只能开一次，只能享受一个季节热烈的或者温柔的生命；我们又何尝不一样？我们只能来一次，只能有一个名字；而你，你要怎样地过你这一生呢？你要怎样地来写你这个名字呢？”这个问题，值得每个女人深思。

# 心安是生活最美好的状态

这个世界从来就不是完美无缺，就看你自己用什么眼光去活着，既然来到这世上，就要好好地走一遭，那些送远的往事，何苦在心头苦苦缠绕，既然只能面对，那就清醒的面对，用洒脱换一生，心安住，行路宽。

——延参法师

无果禅师为了能够专心修禅，搬到深山隐居，一住就是20年。

这些年来，有一对母女经常来看望他、照料他。可是，20年过去了，无果禅师并没有取得太大的成就，他认为自己无法在这里修行得到，便想到外面寻师访道、解除心中的疑惑。

临行前，母女对他说："禅师，不妨再多留几天吧！路上风寒，容我们为你做一件衣服，再上路也不迟。"禅师盛情难却，只好点头答应。

母女二人回家后，连忙着手剪裁衣服。衣服做好后，他们又包了四锭马蹄银，送给无果禅师作为路上的盘缠。禅师心存感激，接受了母女二人的馈赠，于是收拾行囊，准备第二天一早就出发。到了晚上，禅师坐禅养息，半夜里突然出现了一个童子，后面跟着一群人吹拉弹奏，扛着一朵很大的莲花，来到禅师的面前。他们诚恳地说："禅师，请您上莲花台。这就是您要去的地方。"

无果禅师很镇定，他心想："我的修行还没有到这种程度，这种情况来得太早了，也太突然了，恐怕不是什么好兆头。"于是，禅师不再理会。童子一再强调："机会只有这一次，错过了就再也没有了，您可要想清楚啊！"无奈之下，禅师只好随手将一把引磬插在莲花台上，童子和诸人见此情景，高兴地离去了。

第二天早上，禅师正准备动身出发，母女二人过来送行。禅师看到，她们手里拿着一把引磬。母女二人询问："这是禅师遗失的东西吗？昨晚家中母马生了死胎，马夫用刀破开，见此引磬，我看像是禅师之物，便给你送了过来。只是不知道，为什么这东西会从马腹中生出来呢？"

无果禅师听后，一场吃惊，说道："一袭衲衣一张皮，四锭元宝四个蹄；若非老僧定力深，几与汝家作马儿。"他的意思是说，幸好我有一些定力，昨晚禁得住他们的诱惑，没上莲花台。若我上了莲花台，今日你们看到的就不是引磬，而是"我"了——我投胎做了你家的马儿。

说完，无果禅师把马蹄银还给了母女，作别而去。

人生在世，时时处处都存在着诱惑；万世繁华的背后，悬着一颗颗散乱而空虚的心。遭遇得失荣辱的人生落差，有几人可以淡然一笑？在名利声色面前，又有几人可以不为所动、灵魂不受丝毫纷扰？有时，旁人一句不经意的话，都会让一颗不安的心荡起涟漪。

研究生毕业后，苏筱想要留校做学问。对于这个选择，周围不少人给她泼冷水，说她思想太保守，自身条件那么好，完全可以到外面闯荡闯荡，不管是从政还是经商，都比做学问实惠得多。

面对周围的质疑声，苏筱有点受打击，可还是想坚持自己的选择。时隔一年，当她发现身边不少的同学毕业后去了银行、电台、投资公司，社会地位和福利待遇都比自己高出一截时，她再也按捺不住了，竟然憎恶起她一直以来认为神圣无比的做学问的这一职业。

其实，依照她的能力和才智，做学问很有前途。只是她的心已经不安于本职了，终日苦闷不已，满腹牢骚，一门心思想找机会转行，跳槽到更好的地方。结果，工作上频繁出错，感情上也受了情绪的牵连，最后弄得自己每天郁郁寡欢，对生活也没了热情。

《坛经》中记载着这样一则故事：师徒几人在寺中打坐。突然一阵风来，吹动了旗杆上的幡。一个小和尚说："幡动了。"另一个小和尚说："不是幡动，是风动了。"老和尚平静地说："既不是幡动，也不是风动，是你们的心动了。"

人生是一场修行。在修行的过程中，会遇到各种各样的诱惑，或许是金钱，或许是地位，或许是美丽的风景。有些女人心动了，停住了清修的脚步，搁置了修行的计划。可那诱惑是否能真的如人所愿，能否把最初的那一份繁华与美好延续下去，无人可知。很有可能，那只是一副用花环编织的罗网，一旦进去了，就无法自在与逍遥。

季羡林先生曾说："纵化大浪中，不喜亦不惧。"

世界在变，生活在变，身处两者之中，若终日跟着外界的脚步走，迟早有一天会跟不上它的节奏。唯有把目光转回自己的内心，不为外物所动，在心灵深处营造一个平静而稳定的港湾，以心灵的不变应对外界的万变。保持灵魂的独立和内在的宁静，循着自己的心来行事，而不是人云亦云，人动我亦不安。

当然，要拥有一份这样的心境实属不易，也并非一朝一夕之事，需要不断地积累、不断地修炼，可能要经过沉浮的洗礼，生离死别的考验，还有爱与恨的煎熬。当一切都经历了，一切都走过了，生命变得厚重了，沉静到扰不乱，稳健到动不摇，淡定到打不动。内心安然，才是最美好的状态。

# 谁都有自己的难处，学会体谅别人

哪里有希望，哪里就有失望。长大，就是学着明白人生总难免会有无数细碎的失望；那是对别人，也是对自己的失望。不管怎样，不要让这些细碎的失望破碎我心中的希望，别太苛求自己，也别太苛求那个如此爱你的人，他跟你一样，不过是个凡人。

——张小娴

很久之后，苏小陌终于懂得了那句话："越长大，越知道做事不容易，越知道每个人都有难处，也就越不敢随随便便地瞧不起谁，以免不小心伤害了谁。这当然不是粉饰，更不是虚伪，而是懂得了体谅和温柔，温柔地和这个世界相处。"

回想过去近30年的岁月，她曾责怪过许多人，或者说，错怪过许多人。

从小到大，她总是有意无意地冷落父亲，倒不是怕他，而是嫌他"没本事"。父亲这半辈子，没做过什么惊天动地的事，也没有得过任何的荣誉，周围不少人在背地里都说他活得"窝囊"：不善言辞、老实巴交、胆小怕事……当她在课本上看到伟岸、强大等形容父亲的字眼，心里更是一阵失落和反感。

想起那年，弟弟在学校惹了事，被勒令开除，父亲拎着一篮子鸡蛋去了校长家。不善言辞的他，在校长面前说尽了好话，语气中带着一股哀求的味道，可校长怎么也不肯网开一面。当时，她以为父亲会离开，可接下来的一幕却让她彻底崩溃了——“扑通”一声，父亲竟然跪下了，流着眼泪求校长：“您看在我这张老脸的份儿上，让这孩子留下吧！要是下学期他还没有长进，您再开除他，行吗？”

虽然父亲用这样的方式让弟弟免遭转学的厄运，可她却觉得父亲丢了全家人的脸，自那之后，更是打心眼里认定，父亲就是一个“窝囊”到家的人。

她拼命地学习，想早点考出去，离开这个家。因为成绩优异，她每年都能带回几张奖状，而每次父亲都会郑重其事地把它们贴在床头的墙上。有时候，父亲跟别人聊天，还会喜笑颜开地说起她的奖状，看上去一脸的满足和得意。可在她看来，父亲的这些“表演”，实在有些滑稽可笑。

真正让她对父亲改观的，是突如其来的一场“灾难”。

临近高考时，她每天都要在学校上晚自习。谁料，那个周五的晚上，她竟然被几个小混混给盯上了，惊慌失措的她，拼命地往前走，小混混紧跟其后，吹着口哨，很快就围了上来，她吓坏了。就在这时，父亲骑着车子过来了，二话没说，就吼了那几个小混混，从路边拿起棍棒要打他们。那一刻，她突然觉得父亲如此伟岸、如此高大、如此勇敢。

后来，母亲告诉她，父亲不是窝囊，只是老实厚道、不贪图虚荣、不好惹闲事。他是奶奶一手带大，家里家外的没个主事的男人，奶奶就一直告诉他要本本分分，他的成长环境造就了他的性格。可是，为了最亲最近的人，他什么都不怕，就像那天晚上的事，他说，就算拼了命，也会保护你。

她的眼泪不由自主地掉了下来，也终于理解了父亲这些年的所作所为。一直以来，是她误解了父亲，用笼统的标准来衡量他，却忘了人与人不一样，谁都有各自的长处短处，都有各自不同的经历，自己要学会的，是理解和宽待，还有包容与感恩。

当然，这不过是苏小陌成长经历的一部分。她曾以为，是年少无知让自己误解了父亲，可成年后的她，也曾犯过类似的错误。只不过，这一次的对象不是亲人，而是朋友。

前两年，她准备买房子，可手里还差近10万块的首付款。当时，她第一个想到的人就是自己的好友梅子。梅子在一家外企上班，薪资不菲，未婚夫收入也不低。她总觉得，梅子帮她肯定是义无反顾的，换做是她，也会这么做。

她把情况告诉了梅子，可没想到，梅子的态度却显得有些犹豫，理由是：还有两个月要办婚礼了，许多东西还没置备齐全，之前买了车子和房子，手里的余钱也真的不多。如果不是有结婚的事摆在眼前，把钱借给她完全没问题，可现在，实在是有点为难。

之后，苏小陌又问了几个朋友，回答不尽相同，却都有些迟疑。她遭到了拒绝的心里很不是滋味。最后，还是母亲把家里的另一处小院卖了，给她填补了钱上的空缺。苏小陌跟母亲说："关键时刻，还是亲人最好……"听她讲述完借钱的经历，尤其是对梅子的成见后，母亲对她说："你要知道，每个人都有自己的难处，梅子现在要结婚了，她也有许多地方要花钱，大家都得过日子啊！不要说是买房借钱了，当年你大姨家的哥生病住院，我们出了力，却也没有拿出所有的钱，毕竟各有各的难处呢！不要因为这些事耿耿于怀，要懂得体谅。"苏小陌很庆幸，有一位知书达理的母亲，她文化程度不高，却懂得许多为人处事之道。至少，她又教会了自己重要的一堂人生课。

其实，我们都该试着让自己变得更加平和，更加宽容。当他人的言行与自己的期望有了差距时，不要先想着去责怪谁，而是要告诉自己：人人都有他的难处，不必强求于人。如此想来，心胸会变得越来越豁达，也越来越能包容和体谅别人。

# 何必向不值得的人证明什么

行走在人群中，我们总是感觉有无数穿心掠肺的目光，有很多飞短流长的冷言，最终乱了心神，渐渐被缚于自己编织的一团乱麻中。其实你是活给自己看的，没有多少人能够把你留在心上。

——白岩松

去过日本京碧寺的人大概都看到过，它的山门上有一块匾额，上面写着四个大字：第一义谛。这四个字是200多年前洪川大师的手迹，据说，为了写好这四个字，当年洪川大师反反复复地写了85遍。

洪川大师做事注重完美，一丝不苟，弟子们也承传了他的作风。当年，洪川大师在写这四个字时，一位遂心求全的弟子在旁边观摩。大师每写一幅字，弟子都摇头说不太好，不是嫌撇写得太短，就是嫌捺写得太长。见此情景，大师也只好不停地改。

时间就这样一晃儿过去了半天，洪川大师耐着性子一连写了84幅字，可没有一幅得到弟子的认可。后来，弟子去厕所的时候，洪川大师才松了一口气，心想：再也不用被那双挑剔的眼睛盯着了。在心无旁骛的心境下，他自由地挥就了第85幅“第一义谛”。

弟子如厕归来，看到师父写的字迹，大赞是精品。

回头想想，洪川大师之所以前面的84幅字都写得不如意，并非水平的问题，更多的是心有旁骛，无法跟随自己的意愿走，始终被弟子的目光和评价牵引着。活在他人的目光里，心情自然无法平静，而书法这件事，讲究得就是平心静气。

从这件事引申到现实生活，足以见得：连洪川大师这样的人物都难免被别人牵绊，又何况芸芸众生呢？女人有与生俱来的敏感，别人无意间说的话、做的事，乃至一个动作或眼神，都可能诱发她的不安。心思过重的女人，听到别人不满的言辞，心里就系上了疙瘩，怎么也解不开，非要想办法证明自己并非如此，否则就难以释怀。

真的有必要这样吗？你解释了，别人就一定能理解吗？你的价值，就只存在于他人的口舌之中吗？要知道，生活是自己的，谁都有权利选择自己喜欢的生活方式，因为每个人的经历不同，思想不同，所处的环境也不同，不可能要求所有人都按照一个既定的框框来活着。只要你坚信自己是对的，喜欢你所选择的生活方式，那就够了。

她，某中文网的女主编，没房子、没车、没爱情。她对同事说：“像我这样的女人，若是待在家乡，简直就被人笑话死了。我这么大年纪，没房、没车、没爱人、没孩子，似乎是一无所有，别人会觉得我很可怜。”

同事问：“那你在意这些说法吗？会不会觉得影响了你的生活？”

她笑着说：“我觉得自己过得挺好的，生活可以有多种形式，干嘛非要和别人一样呢？他们愿意怎么看就怎么看，愿意怎么说就怎么说，要是整天琢磨这些，我就没法生活了。”

每个女人都该有自己的生活态度和方式，都该有自己的评价标准。若是为了取悦别人，一味地满足他人的价值观，为难自己、为难他人，那无疑是痛苦而悲哀的。别人的目光纵有千千万，也比不上对自我心灵的诚实，没有任何人可以成为别人人生舞台的设计师。所以，女人不该让他人的论断而束缚自己前进的步伐，只有全面而真实地活出自我，才不会盲目和迷失，才能体会到真正的幸福。

要活得淡然、洒脱，不受他人评价的左右，在生活中就要有自己的“原则”：

把他人的思想言行和自我价值区分开。别人说什么，不过是他们对事情的看法，并不是真理和事实，也不是不可改变。认为有道理的就听，认为不对的就一笑而过，对于那些企图支配自己的人，你要坚定一个观点：你的意见跟我没关系。不依照他人的感情确定自己的价值，也不必去费心解释和反驳。因为，有些事越解释越纠缠不清，都是徒劳。

不要指望所有人都理解自己。人的思想、修养、经历各不相同，不可能对他人的言行完全做到感同身受，就连我们自己也一样，会对某些人的某些举止感到疑惑不解。可就像有人说过得那样：人不需要理解，也不可能理解一切。如果每件事都要等到他人理解之后再去做，那么人生的很多时光和机会，恐怕都已经错过了。

对于他人的批评和指责，用不着太在意。想淡然而勇敢地活出自己，那就要从别人的目光中逃离，并随时做好被批评的准备。当你不理睬他人的评价时，可能会有人说你自以为是、狂妄自大，这是很正常的事，不必难过和生气。你看，世界上那些活得与众不同的人，往往都会遭受非议，当你不去理睬时，你就已经在显示自己的与众不同了。

相信自己的判断，不要担心被孤立。很多事情发生在自己身上，他人的看法不过是以他们的阅历和认知来判断的，或许根本不符合你的现状。这就跟穿衣打扮是一样的，不同的气质、身材，要选择不同的衣服，按照别人的标准来选择，就可能弄巧成拙。当然，你也不必担心自己会因此被孤立，有时，真理就站在少数人的一边，若因为认可自己行为的人少，就轻易地放弃，或者否定了自己，实在很可惜，也很不明智。不管你是少数还是多数，你认为对的，就该坚持，也值得坚持。

女作家席慕容曾坦言：“我跟自己说好，要活得真实，不管别人怎么看我，就算全世界否定我，我还有我自己相信我。我跟自己说好，要过得快乐，无需去想是否有人在乎我，一个人也可以很精彩。我跟自己说好，悲伤时可以哭得很狼狈，眼泪流干后，要抬起头笑得很漂亮。”而亦舒更是直接：“何必向不值得的人证明什么，活得更好乃是为你自己。”

是的，在自己的世界里，女人就该学会自己做主。何必在意他人的目光，何须向不值得的人证明什么，活得更好乃是为你自己。

## 有得有失才是人生，切忌患得患失

黑格尔说这世界上大致有两种人：一种人致力于拥有，另一种人毕生致力于有所作为。致力于拥有的人患得患失，得到了怕失去，小心翼翼地保护着自己的领地，失去了就觉得被世界抛弃。致力于有所作为的人，专注于自己的热爱，不断扩大自己的影响力。即使失败，也会爬起来，换个姿势再来一次。

——琢磨先生

身处纷扰繁杂的世界里，很多女人习惯把人生视为一次重大的演出，恨不得一切平坦顺利，没有任何意外，能如愿以偿地得到自己想拥有的结果，永不失去。稍有些风吹草动，内心的平静便被搅乱，开始畏畏缩缩、诚惶诚恐，患得患失。时间久了，整个人也变得瞻前顾后，想要的担心得不到，得到的担心会失去，犹豫、迟疑、痛苦，紧紧包裹着心灵，透不过气。

心理学家研究显示，女性患得患失的人数比男性多20%～30%。让她们患得患失的，可能是名利，可能是地位，可能是婚姻……总之，就是一切她们想要而又害怕失去的东西。这样的女人，活得很痛苦，很不轻松，她们的人生就像叔本华说得那样："在痛苦与无聊，欲望与失望之间摇晃的钟摆，永远没有真正的满足，真正幸福一天。"

一位女网友在博客里发表了一篇日志：

那个有钱的他，最后看上了比我漂亮的，狠心离去；那个帅气的他，每天不停地收到邀约短信，面对美女的追求，他也有点小花心，要提防他出轨，真心是累；那个有上进心的他，出国了，从此各安天涯，他的没责任心让人心寒；现在的他，老老实实、长相一般，有一颗真心，可没多少钱，不会来事，跟这样的人一起，不知道将来的生活会怎样？若是结了婚，要不要孩子？什么时候要？若是因为孩子，丢了工作，沦为黄脸婆，这一生岂不是太悲哀了？

不得不说，心态不变，患得患失的女人跟谁一起都不会安心。嫁给帅哥没有安全感，整天疑神疑鬼；嫁给穷男，怕生活质量不好；嫁给富的又怕对方不是真心；嫁给体贴的，总觉得又少点男人味；找个强悍的，又担心会遭受家暴；嫁给懂得享受生活的，又担心他不考虑未来；嫁给有本事的，又唯恐自己管不住……典型的“一个人怕孤独，两个人怕辜负”。

然而，世间安得双全法？这山有这山的风景，那山有那山的美丽。站着这山望那山高，一辈子除了劳苦奔波，永远不会有满足和快乐。尤其是在感情上，不能什么都想要，也不能指望对方能够满足你所有的愿望，更不能让谁为你保证，现在拥有的就一辈子不会改变。人生是无常的，没有人能够信誓旦旦地承诺未来，能够把握的只有现在，即便是很在意的东西，也要学会看得开，用平常心来经营感情和婚姻，这样爱情才会有生命力。

某小区的两位女邻居，她们的丈夫都是事业有成的男人，但由于工作关系，两位男主人晚上经常加班，外出应酬也不少。因此，两位太太平日里的来往就多了些。

一日，A太太眉头紧锁，向B太太抱怨道：“以前吧，总嫌弃他没本事，觉得生活条件太差，周围人也都看不起我，还有人说我眼光差，没挑个好男人。如今，他飞黄腾达了，别人开始羡慕我了，可我也不觉得比以前幸福多少。现在根本不知道他整天都忙什么，总要到半夜才回来，我问他去做什么了，也不告诉我。说实话，我真的挺担心，现在外面的诱惑那么多，唉！”

接着，她又试探性地问B太太："好像，你先生也经常如此，我就纳闷，你怎么能这么沉得住气呢？难道你从来没有担心过？"

B太太笑着说："没担心过，都结婚这么多年了，我了解他，也相信他。过去那些穷日子，我们都能一起扛过来，现在他有了事业，孩子也大了，我也能做自己喜欢的事，这都是我们共同经营的结果。所以，我从来不会多想，也不会多问，倘若我每天唠叨质问，反倒会影响他的心情。"

事实上，这些年来，B太太的婚姻一直都很稳定。不管先生回来多么晚，她都毫无怨言地等着他，她的温柔和体谅让丈夫很满足，做生意从来没有后顾之忧，而且越来越顺当。每次他想做什么事，总有各方面朋友的支持，当周围人都羡慕他事业做得成功时，他总是笑笑说："多亏了我太太，要没有她，我也没有今天。"

显然，A太太就是过于患得患失了，没钱的时候怕日子苦，有钱的日子又怕丈夫背叛。一旦陷在害怕失去的恐惧里，时间长了，肯定会脾气暴躁、疑神疑鬼。殊不知，爱情和婚姻，守在身边的爱人，是你得到的，也是该珍惜的，因为患得患失而变得疑心重重，太不应该。那些身外之物，得到固然令人欣喜，但失去也该从容。因为每一种生活都有它的得与失，世间之物原本就是来去无常，若努力去做了，最终还是失去了，那也不必太伤怀。

当我们在得与失之间徘徊的时候，只要还有抉择的权利，就该以自己的心灵是否能得到安宁为原则。只要能在得失之间作出明智的选择，那么人生就不会被世俗所淹没。换而言之，要消除患得患失，先要修好一颗心。心可以让女人怨叹计较，也可以让女人赞叹宽容；心可以让女人失衡是非，也可以让女人淡然若水；心可以让女人患得患失，也可以让女人不计得失。当心沉静了，就不会浮躁，生活就会多一份温暖闲适。当女人把修行投向自心，生命里便没有了计较和愤怒，也没有了焦虑和不安，有的只是静善如水，岁月静好。